龙岩学院奇迈书系

福建土楼客家传统经济与对台影响研究

徐维群 著

九州出版社 全国百佳图书出版单位
JIUZHOUPRESS

图书在版编目（CIP）数据

福建土楼客家传统经济与对台影响研究 / 徐维群著
. -- 北京 ：九州出版社，2022.10
ISBN 978-7-5225-1191-7

Ⅰ．①福… Ⅱ．①徐… Ⅲ．①客家人－民居－研究－
福建②区域经济发展－研究－福建、台湾 Ⅳ.
①TU241.5②F127.57③F127.58

中国版本图书馆CIP数据核字(2022)第177465号

福建土楼客家传统经济与对台影响研究

作　者	徐维群　著	
责任编辑	邹　婧	
出版发行	九州出版社	
地　址	北京市西城区阜外大街甲 35 号 (100037)	
发行电话	(010)68992190/3/5/6	
网　址	www.jiuzhoupress.com	
印　刷	北京捷迅佳彩印刷有限公司	
开　本	710 毫米 ×1000 毫米　16 开	
印　张	13.5	
字　数	200 千字	
版　次	2022 年 11 月第 1 版	
印　次	2022 年 11 月第 1 次印刷	
书　号	ISBN 978-7-5225-1191-7	
定　价	68.00 元	

目　录

第一章　福建土楼客家的传统经济

　　客家民系作为汉民族的一支，总体来说是以农耕为主，农耕文明是客家传统经济最重要的特性。客家先民转辗南迁，虽然离开了先人的祖居地——中原，但他们并没有丢弃先人所依赖的维系生存的基本手段——以农耕为基础的生产生活方式，以拓荒和种植为基础的农业耕作。农业是客家人自古以来的最主要的生产，"八山一水一分田"是他们最真实的生存环境的写照。客家先民来到迁居地（一般指闽西粤东赣南）时面对的是蛮荒之地。唐代初期以前闽、粤、赣边区的当地居民有苗、瑶、峒、"僚"、"蛮"等族，到南宋末年有了畲族的记载，客家先民到来之时他们还处在相对原始的社会形态，无定居，过着狩猎和刀耕火种的原始生活。但闽、粤、赣地区的三角地带高峻延绵的山脉和低矮起伏的丘陵相互交错，形成了大小不等的盆地。虽气候温和，雨量充沛，土壤深厚，适宜林木生长，有丰富的森林和矿藏资源，但也不利于开垦种植，客家先民创业相对艰辛。客家地区以农业粮食种植为主，粮油作物最多，经济作物为次。山多田少，客家人勤劳拓荒，有层层"梯田"为证。梯田在客家农村最为常见。由于地形的限制，每丘田的面积一般都较小，有的被形象地称为"蓑衣丘"或"被带丘"（永定金砂镇有"丈二田坎，尺二田腹"的歌谣，亦可说明梯田面积之小），与平原地区的墩田相比，劳作的强度成倍增加，加上梯田的灌溉设施绝大部分都是依靠天然的山泉水，一般不下雨的时候，山泉断流，农作物便会减收以至绝收，所以被称为靠天吃饭的"望天田"。客家人在这种情况下，只能充分提高土地利用率，使用"间种""套种"方法兼种水稻之外的豆类、薯类等。旧时，闽西粤东地区粮食一向不能自给，要靠颇有盈余的赣南来补充。客家地区经济作物以蓝（蓝靛）、茶、烟为主。种蓝的技术来自瑶族和畲族，被客家人接受与发展，但鸦片战争后，大量洋靛的输入致使种蓝业消失，至今几乎不再有。客家地区均产茶，赣南的青茶，闽西的绿茶、乌龙茶，粤东的单丛茶，大埔的云雾茶等曾行销东南亚。种烟始于明万历年间，条丝烟在闽西客家久负盛名，成为闽西客家的经济支柱产业。

客家地区的"八山"，有丰富的森林资源，客家人注重发挥这一优势，发展林业，如有"闽西诸郡人，皆食山自足"之说。林木种类繁多，以松、杉、竹为主，且其面积最大，产量最多，用途最广，是客家地区经济收入的重要来源之一，也为手工业发展提供充足原料。养殖业是客家农村地区家庭经济的补充，除猪、牛、羊、兔、鸡、鸭等家畜家禽外，客家人还利用山塘水库养殖水产，但养殖业的发展并未形成规模。

农耕文明形成了相对稳定的人地关系，从土地关系衍生出的血缘、亲缘关系，使人际关系愈发紧密。客家人在经营中注重人和，生活生产以整体利益、家族利益为重。自古以来，农耕社会围绕垦荒和种植的运作，最需要传承的是农时的掌握、作物的栽培及田间管理等技术和经验，这些主要靠代代口耳相传，客家人也不例外。他们重视全体家族成员对先人生产和生活经验的总结、记忆、保存和延续，从而形成了强烈的群体意识与祖先崇拜意识。

第一节　福建土楼客家传统经济的地理人文环境

福建土楼客家始于农耕文明兴盛时期，受到人口、土地、气候及社会政治等多方面因素的影响，正是在这些因素共同作用下，构成了中国农耕文明的独特性。

土地因素。土地是农耕文明的母体。谁占有了更多的土地，谁就占有更多的生存主导权。在农业社会，正是诸如人们拥有的土地所处的自然环境、土地的数量与质量、拥有土地的方式、土地的耕作方式等因素，将人的不同社会地位以及人在社会上所起的不同作用区分开来。中国历史上的改革大都围绕着土地这个最为核心的要素来进行。福建土楼客家人也视土地为其生存的命脉，而且他们从生产到生活也充分利用土地资源，依山傍水、适境而居、垦荒开山、养殖种田。由于客家人是中原移民，迁入闽西赣南粤东客家迁居地时都会因为土地与当地人发生械斗等冲突，可以说土地正是客家问题的缘起，引发政府与学者的关注。人与土地的关系也决定了福建土楼客家经济的走向，是客家习俗、信仰和精神之源。

人口因素。土地供给能力的有限性与人们无节制、无休止占有土地的行为，始终是一对无法克服的矛盾。中国是一个自然资源十分丰富的国家，非常适宜人的生存，加上农业经济与游牧经济相比，在同样面积的土地上所供养的人口显然要更多一些，因而中国自古就是世界上人口最多的国家。由于生产工具简单原始，农业耕作局限于土质松软的冲积平原地区。自上古至春秋时代，在中国，人口主要集中于黄河流域，长江流域人口极少。客家民系移民的形成正是人口扩张性与土地有限性之冲突的必然结果，从早期的战乱移民到后来的垦殖移民，再到客家民系遍及海峡两岸乃至世界各地可为证，人口的变迁是客家民系形成、发展的重要因素。

气候因素。中国幅员辽阔，气候呈现多样性。夏季高温多雨、冬季寒冷少雨的季风气候是中国气候的显著特点。中国气候虽然有许多方面有利于发展农业生产，但灾害性天气频繁多发，其中旱灾、洪灾、寒潮、台风等是对中国影响较大的主要灾害性天气。北方以旱灾居多，南方则旱涝灾害均有发生。在夏秋季节，中国常常受到热带风暴——台风的侵袭。秋冬季节，来自蒙古、西伯利亚的冷空气不断南下，冷空气特别强烈时，气温骤降，出现寒潮。寒潮可造成低温、大风、沙暴、霜冻等灾害。客家地区属于亚热带季风气候区，夏日长、冬日短，气温高、冷暖差异大，光照充足，气流闭塞，雨水多、湿气重，水涝、冰雹、霜冻、灾害常有发生。这种多变的山区气候特质，考验着客家乡民的生存智慧和适应环境的能力。

水利因素。水是农耕文明的灵魂。当水是一种不可缺少的资源时，水是农业的命脉；当水成为一种灾害时，水是摧毁一切的可怕力量。自古以来，治水一直是人们关心的大事。传说大禹为整治水患走过全国很多地方。在古代部落林立、交通不便的情况下，作为首领，到达任何一个部落，尤其是不完全为其所辖的部落，都会有极大的危险。也许只有在治水这样的"民生"问题上，人们才有可能形成共识。在这一点上也可以说，治水的过程，正是文化传播与文化融合的过程。客家人也一样，注重治水，"盖水利为民食攸关"。民国《永定县志》特别提道："永邑地质燥刚，山田五倍于平野，土薄水浅，往往易成旱灾，民间勤心农业，所建筑之陂、塘，千村万落，触目皆是，其为利亦溥矣。"①

社会因素。中国社会政治因素对农耕文明的影响十分巨大。中国古代历史上存在着王朝兴衰的周期律，每隔数百年甚至不足百年的时间，就会发生王朝更替，导致社会大动荡。朝代更替，风起云涌，战乱不休，残酷的战乱致使百万计的人们在战乱中丧生，幸存者为寻求安定的社会环境，被迫背井离乡迁徙各地，这是大规模迁移的根本原因。西晋"永嘉之乱"引发客家人第一次大迁徙，持续近二百年；唐朝"安史之乱"后藩镇割据，又加黄巢起义，引发客家人第二次大迁徙，延续到唐以后五代，历时近百年；宋朝南渡引发第三次大迁徙……历史朝代变迁正是客家人南迁的重要社会动因。

1. 福建土楼客家传统经济的地理环境

福建土楼客家主要分布在福建的西南部永定区（原永定县），闽粤赣边，博平岭山脉西麓，北纬 24°23′—25°06′，东经 116°25′—117°05′，面积 2216.3 平方千米，东与福建省南靖县、平和县接壤，南和广东省大埔县、梅州市相连，西与福建省上杭县交界，北和福建省龙岩市新罗区毗邻。纯客县，也是客家人的发祥地、祖籍地之一，有其独特的地理环境和自然条件，对于客家民系的历史形成及发展演变，产生了直接而重大的影响。因此，要了解福建土楼客家传统经济如何形成和发展，首先要对福建土楼客家人的这一生存空间的经济地理环境有所认识。

（1）逢客有山的地理概貌

走在福建土楼客家的路上，首先感觉就是除了山还是山，山山相连，层

---

① 徐元龙主修，福建地方志编纂委员会整理《永定县志》（民国），厦门大学出版社（厦门），2015，第 119 页。

峦叠嶂。永定地处博平岭山脉和玳瑁山山脉地带。地势东北高、西南低，群山起伏，大致以永定河为界，分东、西两大部分：东部是向西南延伸的博平岭山脉，西部属玳瑁山山脉。这两条山脉分别从新罗区的小池及适中进入虎岗与培丰、龙潭后，向南、东南和西南方向延伸，沿着永定河、金丰溪、黄潭河及汀江下游两岸倾斜，分别形成三种地貌类型：中山区和中低山区，约占40%；丘陵约占15%；河谷盆地和山间盆地约占45%。"汀为八闽之末，永为汀八邑之末，俗俭而风朴，地瘠而民贫。犹是山川也，形胜虽甲于八鄞，而崇山复岭尚局于一隅。"① 清代道光十年的《永定县志》也有记载："闽中固多奇山，而永定尤在层峦叠嶂之内。其崔巍崛崎，有梯栈所不能至，毫素所不能述者。然而绵亘四周，若引若顾。其气苞育而不泄，洞泉交注，吞吐莘确，有奔雷飞瀑之势。盖地仅一邑，而万峰环列，百川灌输。未易缕指数。"②

胡大新先生在《永定客家土楼研究》一书中这么阐述："永定县的地理环境与闽粤赣边其他客家县份的地理环境有明显的差异。其他县份虽然也是山区，但是溪、河两岸的盆地宽阔、平坦，山势低矮，坡度平缓，属低山丘陵山坡地貌。而永定县却是典型的中低山丘陵地貌县，博平岭山脉和玳瑁山山脉从邻近的龙岩市新罗区向永定县延伸，重峦叠嶂，山岭耸立，丘陵起伏。重重山峦、条条沟涧，把永定的山谷盆地、河谷盆地切割成无数小块。永定县复杂的地形，造成地貌素有'八山一水一分田'之说。永定县的山地和丘陵占全县总面积的55%，山地平均海拔700—1300米，地势高峻，崎岖陡峭，坡度大；丘陵平均海拔400—700米，地面不开阔，坡陡谷狭，大多呈'V'字形状。所谓的盆地，占全县总面积的45%，有两种类型，一是河谷盆地，二是山间盆地。河谷盆地平均海拔200—400米，山间盆地平均海拔400—600米。县城以南的山间盆地，比县城以北的山间盆地面积大。这些盆地大多狭长，蜿蜒起伏，真正像样的盆地甚少。可想而知，那些占全县相当大比例、

---

① [清] 赵良生修撰，福建地方志编纂委员会整理《永定县志》（清康熙），厦门大学出版社（厦门），2015。

② [清] 方履篯修，巫宜福撰，福建地方志编纂委员会整理《永定县志》（清道光），厦门大学出版社（厦门），2015，第150页。

高海拔的山村，是怎样的自然地理条件。即使是县城，也四面环山，狭小起伏，中心城区仅有 4 平方公里，是闽西各县中心城区面积最小的县城，所以被人称为典型的山区县城。"①在交通闭塞的古代，山犹如天然的屏障，让因为战乱而逃离中原家园的客家先民，在心理上有了安全感，正因如此，才有客家人"无山不居，居不怕山"的安居特点，因而闽粤赣山区也就成为中原移民逃避战乱、重建家园、构筑福建土楼，直至形成客家民系的理想与现实场所。

当然，客家先民在这种封闭的空间中，从原来中原平坦的游耕文化，逐步转变为以山间盆地和山坡地作为梯田耕种的农耕文化。而山区地形的垂直地带性特点又促使客家先民必须水田、旱作农业兼顾，种植的作物比较杂，在种植的过程中保留从北方带来的豆、粟、荞麦等作物品种，属于粗放农业。另外，客家先民还在生产过程中利用野生植物发展成多种经济作物，如茶叶、蓝靛（畲、瑶喜蓝靛染成的布）等。客家先民创造的以梯田为主的农业文化，是独特的客家文化特质的一部分。

（2）三大溪水为主的网状水系

流域人类学认为，"流域既是自然资源、人类群体聚散认同、人地关系行为、文化多样性和历史记忆的集群单元，也是物质及能量流动、人口迁移和文化传布的廊道线路，更是人—地—水交叉互动的复合系统"②。永定境内河流均属山区性暴涨暴落河流，受地形、气候的影响极大，其特征是水量丰富，河道坡降大，流速快，汇流时间短。永定县境内溪流众多，呈树状分布，流域面积在 15 平方千米以上的河流有 41 条，分属汀江水系（含汀江干流、永定河、金丰溪、黄潭河，流域面积 2153 平方千米，占全县面积的 96.7%）、梅江水系、九龙江水系，河流总长度 646.4 千米，河网密度 0.3 千米 / 平方千米，年径流总量 19.7 亿立方米（不含入境径流）。"主要河流为汀江干流，自县内西南角入境，流经洪山、峰市，境内河长 25.2 千米，流域面积 212 平方

---

① 胡大新：《永定客家土楼研究》，中央文献出版社（北京），2006，第 19—20 页。
② 田阡、石甜、李胜：《龙河桥头：桥头双村生活的人类学考察》，知识产权出版社（北京），2015，第 23 页。

千米，入境径流量 171 立方米 / 秒，出境径流量 234 立方米 / 秒，主要支流
有永定河、黄潭河等。永定河发源于培丰田地竹子炉和虎岗笔架山，从东北
至西南贯穿全境，全长 91.5 千米，流经高陂、坎市、抚市、堂堡、湖雷、凤
城、城郊、仙师、峰市，于芦下坝汇入汀江，流域面积 1075 平方千米，多年
平均流量 30.3 立方米 / 秒，主要支流悠远溪、文溪、文馆溪、抚溪、堂堡溪
等。金丰溪发源于古竹乡洋竹村，流经古竹、湖坑、大溪、岐岭、下洋，从
下洋镇出境流入广东省大埔县，境内流域面积 668 平方千米，全长 57.5 千米，
多年平均径流量 18.1 立方米 / 秒，主要支流有高头溪、奥杳溪、南溪、陈东
溪等。黄潭河源于上杭，从仙师乡金寨村齐潭入境，至华侨村河口汇入汀江，
境内长 13.9 千米，流域面积 198 平方千米，入境年径流量 37.4 立方米 / 秒，
主要支流有灌洋溪、汤湖溪、合调溪、金寨溪等。"①

民国《永定县志》中记载，永定的水系由三大溪以贯诸流，形成网状水
系。"总其实不过左、右、中三条。中条经县治者，源始于水，委迄于永，为
永定溪。左条流金丰两壁间，尽全县之水而出大埔，为金丰溪。右条丰稔
溪，源自长汀铁场，经龙岩、上杭地，至坝头入永界，流五十里而出河口。"②
可见永定的水源丰富，不仅灌溉充足且能出江入海，航运便利，也让峰市等
成为口岸贸易之镇，相当繁荣。"经三溪，即永定左中右三条，二水，即折
滩水、石鼓坑水两水，及峰市境内之水，皆归注于大河。大河者，汀水经上
杭，又经大埔，达潮州而入于海者也。自河口，丰稔溪西入大河，沿永定界
二十五里至矶石，永定溪入焉，是为闽粤之分界。又西南流六十里，至大埔
邑治。金丰溪出沿田流大埔四十里入焉。凡永水之归宿如此。穷源溯流，百
体之津俱贯矣。"③

清末年间水位较高，永定河上的船只都能通过到虎岗等交界处，并至汀

① 永定县地方志编纂委员会编《永定县年鉴（2006—2010）》，中国文化出版社（香
港），2012 年，第 6 页。
② 徐元龙主修，福建地方志编纂委员会整理《永定县志》（民国），厦门大学出版社
（厦门），2015，第 79 页。
③ 徐元龙主修，福建地方志编纂委员会整理《永定县志》（民国），厦门大学出版社
（厦门），2015，第 88 页。

江汇合处。也就是说溪河江相通，村落则安置在水位之上的较远位置。

溪流发源或穿过境内所在地，形成一些峡谷以及串珠状河谷平原和山间盆地。由于地形构造、土质岩性加上流水的侵蚀切割，以致山体破碎，出现褶岭隧道、夹道以及河路口。人类创造文明的行为是以环境为基础的，即人与环境之间的结合。如网状分布的水系，使客家先民赖以生存的土地被切割成小块。基于这种自然地理特征，客家地区无数块呈点状的耕地，几乎都是分布在小溪小河两岸台地或山坡上。客家先民为了减少耕作奔波，往往依山而居，依水而耕，从而形成客家村落依山傍水的特点。所以水系分布的趋势，也基本上决定了客家居住地分布的格局。

由于客家人依山而居，一遇山洪暴发，便石堕沙飞、淤阻河道，遂成水灾，人们因此不得安生。民国时期的《永定县志》这样记载水灾："……五月，大水，溺死多人，冲坏田亩无算，岁大饥。"[1] 此类记载甚多，可见客家先民面对灾害，依旧还是无能为力。虽然客家先民利用他们的聪明才智，大量地兴修水利，但客家兴修的水利皆为视水而利，大都"因地之势，尽人之力，潴泄有节，启闭从宜，则为政之道，思过半矣"[2]。"永邑地质燥刚，山田五倍于平野，土薄水浅，往往易成旱灾。民间勤心农业，所建筑之陂、塘，千村万落，触目皆是，其为利亦溥矣。"[3] 客家人的水利工事，一般称为堤、圳、湖、塘、井等。永定设县的第二年，即明成化十五年（1479），兴建了著名的水利工程——杭陂，将西溪水引入城关，供城区居民做生活用水，并且起到排污作用，更主要的是用以灌溉东、西、南三坊的农田。[4] 虽然水利工程对当时恶劣的生态环境有所改善，但是客家人靠天吃饭的状态并未得到彻底改变。

---

[1] 徐元龙主修，福建地方志编纂委员会整理《永定县志》（民国），厦门大学出版社（厦门），2015，第27页。

[2] 徐元龙主修，福建地方志编纂委员会整理《永定县志》（民国），厦门大学出版社（厦门），2015，第119页。

[3] 徐元龙主修，福建地方志编纂委员会整理《永定县志》（民国），厦门大学出版社（厦门），2015，第119页。

[4] 郑慕岳：《杭陂与寒陂》，载《永定文史资料》第七辑，1988，第104—105页。

（3）温暖宜人的福建土楼气候

邑属闽西，上近江赣，下界广潮，四面复岭重冈，去海不数百里。于天近赤道热带，率多岚瘴，故燥湿杂糅。在一岁之中，恒燠鲜寒，或一日之间，暄凉顿别，以二、八月为甚，所以"日中常有四时天"者是也。因地气甚暖，木叶常青，花果之萌、长、花、实，皆先于江，微后于广。禾稼可二登，惟山田地瘠水冷，岁乃一熟。民间度腊，轻棉薄褐，鲜衣裘者。又阴蕴所积，日出地数丈，犹霏烟蔽空，草树溟濛，四时多有之，闽方多有之，永亦不异。此气候之关于壤地者也。①

永定地处北回归线北侧、中亚热带向南亚热带过渡地段，属中亚热带海洋性季风气候，其特点是湿润温和，夏长而不酷热，冬短而无严寒。全境雨水充沛，光照充足，多年平均气温保持在 20.1℃，平均气温年较差 1℃，无霜期年平均 305 天，最长达 347 天，最短为 258 天。年平均日照时数 1742.8 小时。年平均降水量 1606.9 毫米，年平均降雨日数为 159 天，最多达 197 天（1961 年），最少为 134 天（1958 年）。最大年降雨量 2479.8 毫米（1983 年）。

总的说来，福建土楼山区这种冬不太寒、夏不太热，温暖湿润的气候特点，再加上当地优质的土壤，非常适宜水稻等粮食作物与烟草、竹类和茶树等经济作物的种植，也适宜其他野生植物的繁殖与生长。《古今图书集成·艺术典·农部》称当时闽西山区"田尽而地，地尽而山，虽土浅水寒，山岚蔽日，而人力所致，雨露所养，无不少获"。由此可见，北宋时期闽西客家地区的耕地已得到很大程度的开垦，收获也十分喜人。

客家人还在认识气候和适应生存中总结了许多经验，农谚为证："雷打秋，番薯芋卵对半收；雷打冬，十栏猪仔九栏空"，"人怕老来穷，禾怕寒露风"，

---

① 徐元龙主修，福建地方志编纂委员会整理《永定县志》（民国），厦门大学出版社（厦门），2015，第 94 页。

"日送山，天光起来一般般"① 等。

(4) 生存发展所需的物产与矿藏

永为山国，物产不丰，然同在禹甸周原之中，造化无私，大生广生，未尝或息。诚能尽地之利，穷物之宜，则草木于是乎生，稼穑于是乎兴，鸟兽于是乎多，衣食财用于是乎出，使民乐其业而安其居。②

永定土地不多，肥力尚可，植物资源丰富。山区气候特点非常适宜种水稻。虽然闽西丘陵山地所占比例很大，田地很少，但在亚热带湿润季风环境下，岩石风化程度高，形成深厚的红色风化壳，土壤以红壤和山地黄壤为主，一般自然肥力较高，适种性广。这里的用地可分为农地、林地、荒地三类：农地可用作单季、双季稻田，或烟草、甘薯、芋头间作田；林地有密林、疏林之分；荒地可分为荒芜冲积地、荒丘、石山等。永定林业资源丰富，有林业用地 1751.9 平方千米，占全县土地面积的 78.7%，绿化程度 91.2%，有桫椤、红豆杉等珍稀植物。常见的经济作物有烟叶、毛竹、茶叶等数种，用途广泛。烟叶可制造烟丝或卷烟，每年外销数量占客家土产之首位。毛竹则可造纸，又可制作各种家具。华南各地通常用的土纸，大都来自客家地区。

永定矿藏资源丰富。其中非金属矿有煤、石灰岩、红色花岗岩、辉绿岩、混合岩、霏细岩、二长花岗岩、花岗斑岩、耐火黏土、水泥原料黏土、瓷砖黏土、建筑沙、建筑石、石墨、石英砂、高岭土、钾长石、铝土、硅石、水晶、天然矿泉水等 22 种；金属矿有金、铜、铅、锌、锡、钼、铌、钛、钴、钽、稀土、铁、锰、钨等 14 种③。其中煤储量最多。另外，永定的水力资源和地热资源也很丰富。

---

① 徐元龙主修，福建地方志编纂委员会整理《永定县志》（民国），厦门大学出版社（厦门），2015，第 96—97 页。

② 徐元龙主修，福建地方志编纂委员会整理《永定县志》（民国），厦门大学出版社（厦门），2015，第 457 页。

③ 永定县地方志编纂委员会编《永定县年鉴（2006—2010）》，中国文化出版社（香港），2012，第 2 页。

2. 福建土楼客家传统经济的人文环境

人文环境是指一定社会系统内外文化变量的函数，文化变量包括共同体的态度、观念、信仰系统、认知环境等。人文环境是社会本体中蕴藏的无形环境，是一种可以潜移默化地影响一个民族的力量。它是人类活动不断演变的社会大环境，是人的因素影响形成的、具有社会性的。

人创造文化，文化又培育人，所谓的"一方水土养一方人"。不同的地域形成不同的人文环境，包含反映这个地域的文化特质、人文精神、价值观念、民情风俗以及民系性格、心态等，这些因素构成了这个地域的人文色彩，生成独特的人文动力。

永定是福建土楼客家的家园，有五百余年的历史。这里厚重的人文资源、精神鲜明的客家文化、丰富多彩的客家风俗信仰都影响着福建土楼人家的发展，也是福建土楼客家人的生存信念和发展动力。这里主要从人文资源、宗教信仰两方面，结合客家精神、客家民系性格来进行概述。

（1）人文厚重、人才济济

①历史悠久，新石器时代永定境内就有人类在此生活。主要历史沿革如下：

西晋太康三年（282）"分建安郡立晋安郡"，统原丰、新罗等八县。永定治地属晋安郡新罗县，上隶扬州。元康元年（291）改隶江州（初治江西南昌，后移九江）。

南北朝宋泰始四年（468），属晋平郡。梁天监年间（502—519）属南安郡。陈（武帝）永定年间（557—559），属闽州南安郡。

隋开皇九年（589），废建安、南安二郡，改为泉州；大业初年，复为闽州。永定治地，先属泉州后隶闽州。

唐武德元年（618），属建州。开元二十四年（736），开福抚二州山洞，置汀州，辖新罗、长汀、黄连三县，永定治地属汀州新罗县。天宝元年（742），改汀州为临汀郡（乾元元年即 758 年复为汀州，入宋后仍称临汀郡），改新罗县为龙岩县，永定治地属临汀郡龙岩县。大历四年（769），析龙岩的湖雷下堡置上杭场。大历十二年（777）龙岩县改隶漳州。上杭场脱离龙岩而直属汀州。永定治地属汀州上杭场（场治在今之永定湖雷镇）。

五代十国后周显德元年，即南唐保大十二年（954），徙上杭场于秋梓堡（今永定高陂镇北山村）。永定隶属依旧。

宋淳化五年（994），升上杭场为县。至道二年（996），上杭县治从秋梓堡迁白砂（现上杭县境）。永定治地属临汀郡上杭县。

元至元十五年（1278），汀州升格为路。至元十八年（1281），汀州路所属六县为元世祖忽必烈女儿鲁国公主囊加真的封地，隶福建行中书省。至元二十八年（1291）改隶江西行中书省。至正十六年（1356），汀州复隶福建行中书省。永定治地属汀州路上杭县。

明洪武元年（1368），汀州路改称汀州府，属福建承宣布政司，永定治地隶于汀州府上杭县。成化十四年（1478），因农民起义多发，福建巡抚高明以"去治远""山僻人顽""地险民悍"，必须"镇抚化导"为由，会同福建承宣布政使司、福建都指挥司、福建提刑按察司上奏朝廷批准，析上杭县溪南、金丰、丰田、太平、胜运等五里十九图添设县。取"永远平定"之意，定名永定，属汀州府。清亦属汀州府。

> 永定治设，始于明成化，……虽经历变劫，疮痍未复，而山川峻秀，人文蔚起，则早已喧腾海内外。①

②客家故里、土楼之乡。永定是纯客县，根据第七次人口普查数据，截至 2020 年 11 月 1 日零时，永定区常住人口为 325880 人。福建土楼，是世界上最独特的客家民居建筑之一，是"东方文明的璀璨明珠"也是当之无愧的"国之瑰宝"。永定拥有土楼 2.3 万多座，其中三层以上的大型建筑近 5000 座，圆楼 360 多座。2008 年 7 月，福建客家土楼成功列入《世界文化遗产名录》。其中永定区的初溪土楼群、洪坑土楼群、高北土楼群及衍香楼、振福楼等 23 座世界遗产本体楼名列其中。它以历史悠久、种类繁多、规模宏大、结构奇

---

① 徐元龙主修，福建地方志编纂委员会整理《永定县志》（民国），厦门大学出版社（厦门），2015，第 2 页。

巧、功能齐全、内涵丰富著称。土楼内，居住在同一屋顶下的几十户、几百人，同祖同宗同血缘同家族，过着共门户、共厅堂、共楼梯、共庭院、共水井的和睦生活，这种聚族同楼而居的生活模式，典型地反映了客家人的传统家族伦理，融洽和睦的家风和平等团结的关系。福建土楼，承载着厚重的传统文化，保持着丰富多彩的民情风俗。不管是四时节庆、丰收庆贺、婚嫁喜日、敬天重祖，还是生产生活，福建土楼里都有着最纯朴的风俗礼节。这里特别值得一提的福建土楼特色民俗活动有高陂迎春牛、坎市打新婚、抚市走古事、陈东四月八、湖坑作大福、下洋中川闹花灯等。

③教育人文卓著。明成化十四年（1478）建县以后，"永既开县，人文之美，冠绝一时"①。明清时期，永定有翰林 13 人，进士 39 人（其中武进士 7人）、举人 340 人（其中武举人 126 人）。最为著名的有太平里青坑的廖家和金丰里泰溪的巫家。清康熙至光绪年间，青坑廖家自冀亨（字瀛海）传下至25 世 7 代中，共考中 6 名进士（其中 5 名翰林）和 7 名举人，造就了"四代五翰林"的"翰林世家"，并有"独中青坑"的熟语流传。清乾隆年间，泰溪巫桂苑以教书为业，其四子中出了 1 名进士，其他皆为举人，其孙宜福、宜禊都是翰林，曾孙也是举人。三代人中，共考中 3 名进士（其中 2 名翰林）和 4 名举人，尤其兄弟同官翰林院，士林一时传为佳话。

1949 年 10 月以来，永定更是英才辈出，涌现出许多各界的雄才翘楚，他们为国家和社会进步、地方经济文化等各项事业发展做出了重大贡献。有第八届全国人大常委会副委员长、中国科学院原院长卢嘉锡，有中国国民党荣誉主席吴伯雄，有中国土木工程学家郑华，以及卢衍豪、卢佩章、林尚安三院士，有画家胡一川、吴勋，有书法家陈荣琚、作家张胜友、音乐家江文也和郑小瑛。

（2）多元信仰文化

永定客家人的宗教信仰属于多神系统，他们深居相对封闭的南方山区，

---

① 徐元龙主修，福建地方志编纂委员会整理《永定县志》（民国），厦门大学出版社（厦门），2015，第 324 页。

大多生活在群山环绕的小盆地中，到处是连绵不断的青山，他们眼里的神灵就像一座座连绵的大山，"一山比一山高，一个比一个灵"。相对落后与闭塞使客家地区还保存和流传着原始信仰、自然崇拜与祖先信仰。客家人辗转迁移，在生存与发展的挣扎中依然保存汉民族的宗教信仰传统，同时又"兼容并蓄"其他民系或民族甚至外来文化的信仰习俗，功利务实的心态使客家地区的宗教信仰形成更突出的实用特性：为我所尊所用便是众家神。因此，客家宗教信仰是多元的，属于多神信仰的系统，客家人心里拥有一支庞大而有特色的神灵队伍。

①万物有灵的自然崇拜。自然崇拜是人类最早的宗教形式之一，在生产力极端低下的原始社会里，人类出于对自然物和自然力的依赖、畏惧和无知，从而将自然物和自然力当作具有意志的对象加以崇拜，这就是自然崇拜。客家人大本营开发较晚，南方古代土著民族信仰的文化积淀比较深厚，加上经济落后与闭塞，因此自然崇拜这一原始信仰习俗还很浓重。客家人相信冥冥之中有许多神灵和精灵在操纵人类的命运，天地山川、日月星辰、动植物都成了客家人崇拜的对象，村头一棵古树、一块大石也加以敬奉。天上有玉皇，地下有阎王，城里有城隍，乡村有公王，桥头立伯公，厨房供灶君……万物有灵，祈福许愿，各取所需。

②敬畏护佑的土地崇拜。土地崇拜来源于人对土地的依赖，客家人也不例外。长期于恶劣的自然环境中求生存，他们对土地的崇拜最为普遍，称土地神为"公王""社官""伯公"等。只要来到客家地区，桥头、路口、村口、水口，都可以见到约 1 立方米左右的小庙，甚至里面只有一块石碑、木牌，或一张红纸、一块石头。不管是"伯公"还是"公王"，都是一方的保护神，只是管理的范围大小、称呼不同罢了，甚至客家人住宅内也处处是"伯公"，如"灶头伯公""床头伯公"……对土地神的供祀也较简单，用香烛和果品即可，土地神是自家保护神，也如待自家亲戚般随意些。屋后、村口、坟头的树木也被当作有神力的"风水树"，是不可不敬的。另外客家地区还有龙崇拜、蛇崇拜、龟崇拜、山神崇拜等，既有敬畏之意又有祈福之愿。

③慎终怀远的祖先崇拜。祖先崇拜是继图腾崇拜之后产生的，信仰祖先、

祭祀祖先、向祖先的灵魂表示虔敬，目的是要祖先的在天之灵庇佑后代、福荫平安。当然，祖先崇拜与鬼魂观念有关，除这些因素外，还与此民系的移民特质及农耕文明有关。他们依赖于先人生产和生活经验，必须有民系群体的精神支柱，所以他们以缔造姓氏的始祖、家族有功业者或是移民的开基祖为崇拜对象，长期祭祀崇拜，让晚辈以祖先为楷模，光宗耀祖，奋发图强。一般说来，祖先崇拜有牌位崇拜和坟墓崇拜，而客家民间的祖先崇拜还有祖传谱牒崇拜和祖先偶像（画像）崇拜等。祖传谱牒的修订与保存是每个家族的头等大事，客家地区几乎任何一个姓氏都有本姓谱牒。谱记录了一个家族自某一男性始祖下传的世系的图籍——世系图、人物表；牒指文字说明，即每个世系图、人物之后的文字说明，包括字行、生卒、妻儿等。有的族谱中还收有本姓氏的家族史概述及堂号堂联、家风族规、本族名流等。谱牒崇拜和其他形式的祖先崇拜的一个共同的宗旨是希望后代子孙能以祖先为榜样，努力处事立业，做出功绩，光宗耀祖。客家谱牒是客家家族文化的一个缩影，也是客家文化传承的中介，至今修谱之风依然不绝。新的变化是女性后代也上了家谱，家风家规吸取了新时代的特征。谱牒不失为研究客家文化的一种资料，但又需认真分辨，其中难免存在一些对本族本姓过于美誉拔高的不实之处。

注重修祖坟和丧葬扫墓活动。祖坟既是客家人的风水之地也是客家人悼念缅怀先人的重要场所。一年之中，土楼客家人扫墓祭祖活动繁多，高潮迭起，有一年四祭之说。春节是祭祖的第一高潮，从大年三十、正月初一到正月十五都有陈设供品、焚香敬祖或扫墓活动；清明时节，掀起祭祖的第二高潮，自立春到清明，人们也会选定吉日携果品三牲、香烛纸钱到祖坟上扫墓，清除杂草，焚香烛纸钱，燃放鞭炮，行跪拜磕头之礼，缅怀先祖，感念恩德，祈福求愿。祭祖那天还设宴，人们在宴席上"饮酒思源"，缅怀祖先；还有就是第三高潮农历"七月半"（七月十五，有的地方七月十四过鬼节）；第四个高潮是八月十五中秋，月圆时节也许"每逢佳节倍思亲"，祭祖又成必然。当然，在端午、重阳、冬至以及祖先的生辰、忌日，也都有祭祖的习惯。

宗祠的普遍设立。客家各姓氏每一个家族都有自己的宗祠（或祖祠），有的宗族人多支派繁荣，宗祠建得豪华气派。宗祠内崇祖气氛浓厚，堂联大多是为本族歌功颂德或勉励子孙之语，如永定下洋中川胡氏宗祠有"地据蛟潭胜，家传麟史风"的联语，下洋太平曾姓宗祠有"三省家风，德昭成代；四书巨著，文教主风"，可见一斑。联两侧常有"祖功浩荡""祖德流芳"之类的条幅。当然，宗祠还有祖先牌位。祭祖活动一般在祠堂里进行，而且祭品丰盛，祭礼隆重庄严，表现出饮水思源、尊祖敬宗的气氛。

海外客家人崇祖更甚于国内。只要有机会回来，都要到宗祠、祖墓祭奠。客家人的祖先崇拜传统浓厚独特，在客家人的生存发展奋斗中起到了凝聚、激励与协调的作用。但也要见到其弊端：一是易产生守旧观念，在建祠、修谱、祭祖上花费过多人力、物力，不免有浪费之嫌；同时太重宗族祖坟及风水观念，容易产生宗族间的斗殴等恶性事件，须予以防范。

④感恩祈福的人格神崇拜。客家人人格神崇拜体现了其感恩精神。人格神崇拜除祖先崇拜外，客家人还推及先贤崇拜，主要是推崇他们的忠义事迹，如与客家无关的先贤张飞、忠武侯诸葛亮、壮缪侯关羽等，也体现了客家人的宽厚与海纳百川的胸怀。崇尚美德、忠诚善良、明礼诚信是中华民族共有的情怀。还有各行各业各有祖师崇拜，如木匠奉鲁班、商人奉陶朱、理发匠奉吕祖等。

定光古佛的敬祀也比较普遍。1015年寂化于闽西的定光和尚（原名郑自严）被尊为定光古佛。民众认为，定光古佛有神通，山神、虎豹都听从定光佛的意旨，可以让大自然中的精灵听从召唤，为民消灾、除凶、治水，因此深得民众的敬仰。在客家地区供奉定光佛的庙宇很多，光闽西地区就有近百座，称"定光寺""定光堂""定光院"等。永定的金谷寺最为著名，而且还远传台湾彰化，也是永定客家迁台的历史见证。

客家民系的宗教信仰状况呈现出多元化、世俗化、功利性、随意性等特征，从一个侧面反映了客家民系的文化特质。功利世俗、务实避虚的特性是客家民系群体心理的深层积淀，也成了他们选择宗教信仰的内在尺度。返本追源，崇祖怀古观念是客家人的精神信念支柱，也是宗教文化民间信仰的核心内容。客家地区盛行祖先崇拜除受汉民族传统文化影响外，客家人所处的

"移民"这一客观境遇也是一个重要原因。他们身处险恶环境必须靠崇祖活动来强化内在凝聚力，团结协作以适应新环境，在外乡求得生存和发展。通过缅怀祖先业绩激发本族自豪心、自信心，与逆境、困难做斗争。

3. 福建土楼客家传统经济扬弃了"男耕女织"的分工模式

追溯农耕文化起源，有"男耕女织"之说，它不仅是指早期的劳动分工，也是农耕文化形成的基础。早在河姆渡时期，出土的谷物化石便说明农耕由此（或更早）产生。此后，人们的活动便以"男耕女织"为中心，随着时间推移，长期沉淀而形成的文化内涵和外延的各种表现形式（如语言、戏剧、民歌、风俗及各类祭祀活动）等，都是与农业生产有关的文化类型。"男耕女织"历来是汉民族农耕文明的传统分工模式，各地的汉族妇女大都不从事农业生产（指田间劳动），而客家地区的经济分工模式却是例外。也正是对传统"男耕女织"分工模式的扬弃，使客家妇女显得格外引人关注，成为美谈。由此出发，中外各界人士盛赞客家妇女。美籍传教士罗伯特·史密斯在《中国的客家》一书中说："客家民系是牛乳上的奶酪。这光辉至少有百分之七十多归功于客家妇女。"《大英百科全书》这样评论："客家妇女是精力充沛的劳动者。"我国有关嘉应州的方志记载："州俗土瘠民贫，山多田少，男子谋生，各挽四方志，而家事多任之妇人。故乡村妇女，耕田、采樵、缉麻、缝纫、中馈之事，无不为主。挈之于古，盖女功男功皆兼之矣！"《乐府》所谓"健妇持门户，亦胜一丈夫，不啻为吾州言之也"，所以"客家妇女成了家庭的重心，家庭组织赖之巩固，子女教育赖之维系，男子事业赖之鼓励，而客族之光荣，亦赖之发扬"！誉美之词难以尽录。

客家妇女是家庭的重心。客家地区有句俗语："没有老婆不成家"，这个"家"不仅指"结婚生儿育女"，更重要是指妇女在家庭中所处的特殊地位。妇女在家庭中是一家之主，主持家政，无论是对老弱的扶持、对幼儿的教养、对家庭的料理、亲朋间的应酬或充实家计之策，无不做到美满周到。烹饪洗扫、纺织裁缝等家务事，更是一概由女性包办。客家男子极少承担家务，客家妇女充分扮演好妻子、好母亲、好媳妇、好婆婆的家庭角色。

客家妇女是劳动能手、主要劳力。清版《赣州府志·风俗》载："各邑贫家妇及女仆多力作，负水担薪，役男子之役。"美国传教士罗伯特·史密斯在《中国的客家》一书中更是为客家妇女的劳作能力感叹："客家妇女真是我所见到的任何一族妇女中最值得赞叹的女子。在客家中，几乎可以说，一切稍微粗重的工作，都属于妇女们的责任。如果你是初到中国客家地方居住的，一定会感到极大的惊讶。因为你将看到市镇上做买卖的，车站、码头的苦力，在乡村中耕田种地的，上深山去砍柴的，乃至建筑屋宇的粗工，灰窑里做粗重工作的，几乎全都是女人。她们做这些工作，不仅是能力上可胜任，而且在精神上非常愉快，因为她们不是被压迫的，反之她们是主动的。"

客家妇女除了有一双劳动的巧手和大脚板，还有一副铁肩膀，她们斫樵、割草和田间劳作，都离不开肩挑，肩挑百十来斤还健步如飞。旧时客家地区的物资交流，特别是海盐内运和赣米入闽粤都要靠肩挑，贫家妇女大多农闲时即挑盐北上，挑米南来，以攒几个辛苦钱贴补家用。山歌所唱："妹妹挑担系受亏，黄昏出门半夜归，网尽几多蜘蛛网，踏尽几多牛屎堆"，"因为巫食（客家话'无吃'）挑盐担，一身汗水变成盐，早知身上有盐出，唔当空手慢慢行"，说尽了挑担女的辛酸。

客家妇女是客家社区文化的重要参与者。客家妇女虽说受教育不多，但多聪慧、精明、热情、大方、有礼，也不像其他民系的女子闺阁之规较为烦琐。由于家庭、经济事务的需要，客家妇女更多出入于社区之中，参与社区活动，如赴墟采购、宗族庙会、山歌对唱，就是小生意小买卖客家女也不逊色，她们健美整洁，不缠足、不束胸，大方得体、泼辣能干。这种文化特性自然使客家女在客家文化中占有一席之地，因而客家社会乃至国内国际社会均不否认其文化价值，也不否认客家妇女在客家文明创造中的重要分量。

客家地区赞赏勤劳纯朴的客家妇女，人人夸勤笑懒，爱劳动的是"乖妹子"，贪玩懒惰的就被骂"懒尸嬷"。

从经济动因看，文化人类学认为妇女的地位高或低，一般取决于对生计的贡献。客家民系的先民辗转到达客家大本营地区过着以农耕为主的生活，农业是客家地区最主要的部门，即以种植业为物质生活资料的主要来源，同时也发展家畜、家禽的饲养业和简单粗放的家庭手工业，属一种自给自足的复合型经济。而由于大本营地区多为荒山野岭，地势高阻，并且耕地不足，男子大都只得外出谋生，农耕劳作主要由妇女承担，这就形成了"男人在外经营攒钱，女人在家持家耕田"的客家地区男女分工模式。这种分工模式使客家妇女的生计贡献比男子更稳定长久，因为男子出外谋生，虽有可能创下家业，但不定数，有的过"番"去南洋，甚至十年八载不回，或者一去便杳无音讯。如此情形下，全家的生存重担便依托于客家主妇身上。她们依靠家中几亩薄地（有的是租佃来的地），以惊人的毅力，克勤克俭，维持整个家庭生活。即使男子寄钱回家，也储积生息用于购置田屋、供子女读书。客家妇女农业经营的知识、能力和经验都很丰富，同时她们又是社会经济其他活动中的能手，如年节的消费、肥料购买、农具使用以及流通经济或储蓄性质的标会摇会等都可自主参加。正因为客家妇女对生计贡献大，所以拥有较独立的经济能力，而且在家庭经济、社会经济中占重要的地位。对生计的贡献当然也使客家妇女在家中成了支柱，成了一家之主，主持家政。农事、家务事概由其包办，男子在家虽可共同处理一些事务，但他们还是不大管家务，只是周旋于社会交往之中。有的外出营生归家更是被妇女奉为上宾，服侍周全，令客家男子更倚重她们，并以此为动力努力创事业成就以告慰家人的劳碌。因此客家妇女是家庭重心，家庭组织赖之巩固，子女教育赖之维持，男子事业赖之鼓励。即使是现今的客家地区，妇女们也依旧是以劳作为生活本职，田间地头、家里家外、农忙农闲不停地忙碌劳作。在客家地区，很少有游手好闲的妇女，但悠闲地踱方步的男子却不少。客家妇女年复一年的劳作养成了爱劳动的习惯，虽至年老力衰，不能荷重时，仍然操心家务，关心农事，督促家人，尽心尽力，死而后已，劳动生活成了客家妇女的生存需要。客家妇女成了"田头地尾、针头线尾、灶头锅尾、家头教尾"里里外外的能手。

从文化背景上看，首先是客家移民文化特质的影响，客家先民长期艰苦动荡的迁徙生活，要求客家妇女必须像男人一样，翻山越岭、涉水渡河、披荆斩棘，到南方大本营后又居于深山密林中，开创家园。面对较恶劣的环境求生存，必须男女共同奋斗，男子也无力使客家妇女在家当太太、小姐享清福，妇女只能以创业者的身份、劳动者的角色出现；另一方面，移民特性决定客家妇女在勤劳耕作中形成了健美体格，这又成为妇女作为种植耕作能手的生理前提。清《稗史类钞》中说："客家妇女向不缠足，身体硕健，而运动自如，且无施脂粉及插花朵者。日出而作，日落而息。"客家社会无"三寸金莲"的基础，也很少有闺房的小姐，而多有"出得厅堂，入得厨房"的健妇。这些健妇不仅是劳动好手，而且在社会活动中也相当出色。

其他民族和民系文化（特别是畲族文化）的渗透影响，也是客家妇女内主家事、外承劳务的文化背景。

客家大本营地区在客家先民进入之前就是百越民族的聚居地，客家先民主要与畲民杂处。客家文化与畲族文化自然相互交融，相互影响。畲民在耕作方式、服饰、风俗习惯、宗教信仰等方面对客家文化有一定影响，客家男女的生产分工也不免有畲族文化母系社会的遗存。

《太平环宇记》（宋·乐史卷）的《循州风俗》载："织竹为布，人多獠蛮，妇市男子坐家。"循州在粤东，长乐、兴宁二县都属宋代循州境内。循州獠蛮应即今日粤东畲族之先民。粤东客家妇女特别勤劳，应是其先民受当地蛮獠风俗影响所致。粤北也有类似情况，唐代诗人刘禹锡《连州竹枝词》道："银钏金钗来负水，长刀短笠来烧畲"，所咏便是粤北"獠蛮"妇女既做家务又干农活的生活风貌。可见无论粤东粤北客家妇女与畲族妇女都有许多类似的特性，譬如缠足风俗畲族妇女也没有，因为她们同样承担繁重的生产、生活事务，同样承担起生计重任。正如一首《竹枝词》描绘的，"早出勤劳暮始还，任它风日冒云鬟。过客莫嫌容貌丑，须知妾不尚红颜"，客家妇女的勤劳、纯朴由此可见一斑。

第二节　福建土楼客家的传统经济模式

普通百姓要兴建一座福建土楼，其巨大的耗资，往往不是凭着单一的渠道所能筹集齐全的，多种渠道集资的情况比比皆是。《永定客家土楼志》中认为：建造福建土楼筹集经费的渠道主要有以下五种。一是农副业收入。永定客家人单家独户耕田一般只能自给自足，积蓄有限，无法独资兴建大型福建土楼，只能邀集血缘关系相近的族人合资共建。他们依靠多年农副业的收入，除了自身的劳力外，还采取换工的办法，由亲朋好友支持解决劳力不足的问题，艰难地将福建土楼建成。宋末元初永定江姓百八郎在高头银山山麓兴建的江北楼，元朝中期黄姓上祖兴建的湖坑奥杏浮山村日应楼，元末明初江姓上祖兴建的高头高东祖德楼，1987 年秋由古竹大德村苏氏家族 13 户人家合资共建的钦鑫楼等的建楼经费来源同属此类。二是官员薪俸。用官员薪俸购置或兴建福建土楼。如南宋淳熙年间（1174—1189），曾任刺史的阙宣义在上杭岭下（今永定龙潭镇联中村）购置一座福建土楼。而元武宗至大年间（1308—1311），漳州万户府知事阙文兴之子阙应龙，在上杭云川高坑（今永定坎市中学所在地）建筑的土圆寨，和清代道光年间大溪巫屋梅子潭的魁星阁——太史第，都是楼主用薪俸兴建的。三是华侨出资。旅居海外的永定客家人不论萍漂何方，大都保持树高千丈、叶落归根的观念和不忘故土的美德。他们事业有成后，大量汇款到祖居地兴建福建土楼。如下洋霞村永康楼、大溪祝元楼、下洋富川荣禄第、高头高北侨福楼，均为华侨出资所建。四是祖宗田产收入（租谷）。永定客家人勤劳俭朴，非常注重财富的积累。不论是名门望族，还是普通的工匠商贩，只要有可能，都要置办一定数量的田产（即"公田"），并将田产收入作为祭祀烝尝、儒资助学或本族中救急济困的备用经费。据 1929 年的调查记录，永定此类田产有 17.21 万亩，占全县耕地的48.3%。筹备建楼时，经族中众人同意，可将田产收入用于建筑福建土楼。如清乾隆初年兴建的坎市业兴楼，民国时期兴建的仙师乡大阜村见昌楼，便是用祖宗田产收入兴建起来的。五是商业盈利。这是清代至民国时期兴建福建土楼资金的主要来源。凤城镇东门大围楼是雍正年间（1723—1735）郑玉斋做木材生意发家后兴建的，而遍布永定城乡的众多福建土楼——尤其是大型福建土楼——则是加工、销售条丝烟发迹的富商巨贾兴建的。[①]民国初期，永定人在国内 14 个省 39 个大中城市设的条丝烟庄、商行计有 166 家。清末时，

---

① 永定县地方志编纂委员会编《永定客家土楼志》，方志出版社（北京），2009，第38—39 页。

每年销往国内和东南亚的条丝烟不下五六万箱，价值 200 余万银圆。

从以上论述我们可以得出这样的启示：福建土楼传统经济是以农业经济为主体，手工业副业为重要组成部分，侨批经济、商业为补充的经济结构模式。

1. 福建土楼客家传统经济是以农业经济为主体的产业结构

农业最早是在中原地区兴起的。中原农耕文化包含了众多特色耕作技术、科学发明。大家知道，三皇之首的伏羲教人们"作网"，开启了渔猎经济时代；炎帝号称"神农氏"，教人们播种收获，开创了农业时代。大禹采用疏导的办法治水，推进了我国水利事业的发展，也促进了数学、测绘、交通等相关技术的进步。随着民族的融合特别是中原人的南迁，先进的农业技术与理念传播到南方，促进了中国古代农业水平的提高。可以说，中国农业的起源与发展、农业技术的发明与创造、农业的制度与理念，均与中原密切相关。

来自中原的客家民系，他们辗转来到客家大本营地区，包括福建土楼客家区域，此处主要的地理环境以丘陵山地为主，因此必然是充分发挥中原相对发达的农耕技术，拓荒、垦殖、种田，建设美丽的家园，形成客家独特的农耕文明。相对应的，福建土楼客家传统经济的主要产业结构主体也是农业产业。

汀州（包含永定）的开发较晚，古汀州人早期只在此从事捕鱼狩猎、简单农业采摘和纺织活动。东晋时期大批汉人南迁入闽，把中原汉民族的文化带入汀州，也带来较先进的农耕技术，但汀州真正得到开发是唐宋时期。唐开元二十四年（736）正式设汀州，"汀州设置以后，原来的逃户就可以合法取得户籍，他们开垦荒地，从事农业生产。也有的从事手工业和商业活动。汀州的设置安顿了逃户，促进了闽西的开发和社会经济发展"①。

五代十国时期，王审知建立闽国。他对闽西等地山区的开发，侧重于粮、茶、桐、木、竹等的种植，他鼓励修梯田以耕种农作物、使粮食得以增加，并用粮食发展酿酒业；种植茶叶，不仅可食用也可进贡；种植桐树，生产桐油；

① 胡沧泽：《唐朝前期对逃户政策的改变与福建州县的新建置》，福建师范大学学报（社科版），1992 年第 1 期。

种植竹子，发展造纸业；种植各类树木以取木材。王审知治闽时期，可以说基本上让汀州人（永定人）安居乐业，有较好的生产生活环境，因此百姓很感恩他，客家地区有以他为神（蛤瑚公王）的民间信仰活动。

宋元时期，是客家人最重要的迁徙和形成期，唐末五代时中原移民大量迁入，而且宋代政治、经济中心南移，也改变了汀州的经济结构和生产方式，闽西经济迎来了大发展。在农业方面，一是水利的兴修，二是新作物的引进。宋时"先民殚精农业，随水势之高下张以灌田，其法约有数端，最普遍者为陂圳，棹车次之，塘义次之。横截溪流遏水而入圳者曰陂，或用石或用松，随地所宜而为之。承陂水而引之田者曰圳，或绕山麓，可逸路旁，有长数十里者，陂圳之制不同，圳承陂水"①，也是高陂之名的来源。高陂"其长寻余，其高倍蓰，浸灌甚广"，农作物也丰富起来了，《临汀志·土产》记载："谷之属，粳、糯、粟、麻、豆、椒"6种，而且花之属33种、药之属54种、竹之属11种、果之属32种、木之属28种。两季水稻已广为种植。②

明朝时期，是汀州（包括永定）经济大发展的时期。明代，汀州改府，永定于明成化年间建县，"永定之为县，始于明"。明政府极为重视农业，劝农兴学，丈量土地，兴修水利，减轻税负，引进作物，鼓励农事。此外，一些新的海外作物如玉米、花生、烟草、地瓜等，由于适合闽西气候和土壤，得到广泛的推广种植，并成为主要的农作物，特别是烟草的种植和推广，成为修建永定福建土楼的重要经济来源。明张介宾说："烟草自古未闻，近自我明万历时，始于闽、广之间，自后吴、楚地土皆种植之。然总不若闽中者色微黄、质细，名为金丝烟，力强气盛为优。"③清人王简庵则说："汀（州）属八邑，僻处深山，本无沃野平原。所有田土，即使尽载稻谷，不足民间日给。康熙年间，漳（州）民流寓于汀州，以种烟为业。因其所获之利，数倍于稼

---

① 丘复总纂，唐鉴荣校注，上杭县方志委员会编纂《上杭县志》（1938），线装书局（北京），2018，第271页。

② 蔡立雄主编《闽西商史》，厦门大学出版社（厦门），2014，第10页。

③ ［明］张介宾：《景岳全书》，载蔡立雄主编《闽西商史》，厦门大学出版社（厦门），2014，第15页。

稿，汀民亦皆效尤。迩年以来，八邑之膏腴田土，种烟者十之三四，以致本地无谷可买，米价倍增。"① 永定土质尤其适宜种植烟草，且收入更丰，称烟草种植"以杭永为盛"。其他经济作物如油茶，与纺织业相关的苎麻、蓝靛等的种植也较为常见。蓝靛种植宋时就有，明代因为江南纺织业的发展，需求量大增，因此也促使汀州，包括永定一带的民众开始大量种植，成本低且收益大，"耕山种蓝，颇获利"。

清代，延续了明的发展路径，商业性的农业得到较大的发展。康熙版《永定县志》在卷五《赋役志》中这么记述："永定平衍膏腴之壤少，而崎岖硗确之地多。民之食出于土田，而尤仰给于水利；民之货出于物产，而或取资于坑冶。非独民赖之也，土贡财赋胥此焉。供是丁田者，地利之丰歉，民物之盛衰，国计之盈缩系焉。岂细故哉！"当时土田的数字是"成化十八年，本县官民田地、山塘，九百七十九顷五十三亩七"，"邑土斗隥，厥土骍刚。山田五倍于平野，层累十余级不盈一亩。农者艰于得耕，佃赁主业，保为世守。水耕火种，力勤勿惜。旧不种麦，今则桃花风暖，黄浪盈畴矣"②。可见民众是以田地农耕为生的。

清代商业性的农业发展非常强劲，主要表现在两个方面，一是汀州包括永定成为最著名的烟草生产地。永定"山多田少，种烟之利数倍于禾稻，惟此土产货于他省，财用资焉，膏田种烟之利数倍于谷，十居其四，国朝充饷后，地效其灵，烟产独佳，永民多借此以致厚实焉"③。二是茶叶生产发展势头好。茶是福建很重要的经济作物，虽然汀州永定不是福建最重要的种植区，但却也有一定规模。永定茶"各乡有之，气味皆平常，惟金丰茶颇著名，溪南赤竹坪尤佳，惜不能多"，后来民国时期"著名者有灌洋许家山之茶"④。三

---

① [清] 王简庵：《临江考言》（卷六），载蔡立雄主编《闽西商史》，厦门大学出版社（厦门），2014，第 15 页。
② [清] 方履篯修，巫宜福撰，福建地方志编纂委员会整理《永定县志》（清道光），厦门大学出版社（厦门），2015，第 280 页。
③ [清] 方履篯修，巫宜福撰，福建地方志编纂委员会整理《永定县志》（清道光），厦门大学出版社（厦门），2015，第 280 页。
④ 徐元龙主修，福建地方志编纂委员会整理《永定县志》（民国），厦门大学出版社（厦门），2015，第 504 页。

是经济林木杉木、松木、竹子等种植。杉木是很好的建材，销路很好，作为圆木由水路顺汀江往外运送，或者本地加工做成木器销出。乾隆《永定县志》记载："杉材可为栋梁、棺椁、舟车、百器之需，利用最博。先年甚多，三十年来，连筏捆载，运卖漳潮，今本邑亦价贵难求矣。"①

民国时期，农业方面"由于山区交通闭塞，科技落后，丰富的森林和矿产资源未被重视和开发，没有开展多种经营，因而农村经济萧条，农业产值一直很低"，"粮食平均亩产仅88斤，农民只能维持简单生产，粮食尚难满足自给温饱，林、牧、副、渔诸业更无法发展"②。民国《永定县志》也如实记载："一国之衣食器材，以自给自足为上，审是则农生之，工制之，商运之。对于动、植、矿之经营，各宜努力也明矣。永邑农无余粟，女无余布，向恃烟、纸为出口大宗，借资调剂。近则产销锐减，生计困难，护商惠工，固有待于政府，而亟谋所以改进之，振兴之，则全邑人士之责也。"③

1949年至今，永定依然是以农业经济为主体。虽然随着城镇化水平提高，以及外出务工人员增多，向第三产业转移较快，但永定从事农业经济的人口依然达到77%左右。

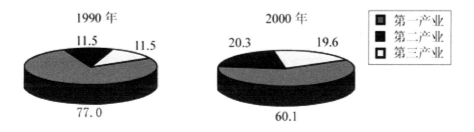

图1-1　1990年和2000年永定县分产业从业人员构成图④

---

① [清]伍玮、王见川修撰，福建地方志编纂委员会整理《永定县志》（清乾隆），厦门大学出版社（厦门），2015，第83页。
② 龙岩地区地方志编纂委员会编《龙岩地区志》卷四《经济综述》，上海人民出版社（上海），1992。
③ 徐元龙主修，福建地方志编纂委员会整理《永定县志》（民国），厦门大学出版社（厦门），2015，第502页。
④ 《永定县志·续志》卷五《农业与农村经济（1988—2000）》。

主要农作物以水稻为主。"水稻是县内种植面积最大的作物。1988—2000年，每年播种面积稳定在 50 万亩左右。1988 年播种面积 495362 亩，亩产约 268 公斤，总产约 132868 吨。"[①] 还有甘薯、大豆、马铃薯、玉米等。经济作物有花生、蔬菜、甘蔗、西瓜、芋子等，当然烟草依旧占商业农产品之首。1988 年后，制定"巩固老区、开发新区"的烤烟发展战略。列入新区开发的有合溪、洪山、峰市、金砂、西溪、城郊、凤城等 7 个乡（镇）。烟草部门制定一系列优惠政策，种植面积逐年增加。1988—1993 年，全县烤烟种植面积保持在 11 万—14 万余亩。其中，1991 年种植 145781 亩，总产 12537 吨，种植面积及总产量均创历史最高纪录。[②]

永定地处亚热带，光照充足，雨量充沛，适宜林木生长。境内群山起伏，森林资源丰富。适宜造林的树种有杉木、马尾松、火炬松、木荷、毛竹、绿竹、板栗、柿树、食茶、油茶等。2000 年，林业用地面积 264.52 万亩，占土地总面积的 79.3%；有林地面积 244.79 万亩，比 1987 年增长 17.09%；活立木蓄积量达 587.59 万立方米，比 1987 年增长 31%；毛竹林 16.41 万亩，比 1987 年增加 3.01 万；全县森林覆盖率从 1987 年的 61% 提高到 73.4%，绿化程度为 91.2%。森林年生长量 36.2 万立方米，年消耗量 29.82 万立方米，是龙岩市唯一实现森林资源长大于消的县份。[③]

2. 手工业是福建土楼客家传统经济的重要组成部分

福建土楼地处偏远，地理位置决定的土地条件、交通运输以及资本积累，使在福建土楼里生活的永定客家人除了认真耕种"一亩三分地"之外，只能依靠与当地物产相关的手工业增加收入，提供生活所需。人们利用当地的资源优势，主要发展了造纸业、印刷业、制烟业、纺织业、矿冶业等手工业。"永邑农无余粟，女无余布，向恃烟、纸为出口大宗，借资调剂。"[④]

---

① 《永定县志·续志》卷五《农业与农村经济（1988—2000）》。
② 《永定县志》卷七《续志·烟草（1988—2000）》。
③ 《永定县志》卷六《续志·林业（1988—2000）》。
④ 徐元龙主修，福建地方志编纂委员会整理《永定县志》（民国），厦门大学出版社（厦门），2015，第 502 页。

造纸业是汀州最发达的手工业，也是永定重要的手工业之一。民国时期出版的《永定县志》记载"永地多竹，原料颇丰"①。汀州的纸业比较发达，种类也较多，有玉扣纸、毛边纸、五色纸等。总体上看，永定的纸业以依赖竹原料的纸业为多，"产额以包纸为最多，销场亦广，出口年在十万担以上"②。

金丰之高头、南溪、陈东乡、筜竹甲，丰田之东安（竹生有大、小年之分，东安地方产纸颇旺，大年可三千担，小年可二千担）、楮树坪、湖洋坑、虞溪、坑头、仙溪，太平之灌洋、沾坑、郑坑、许家山（以上产纸附近各村大、小槽户尚多，难以备载）。此纸行销漳、厦、潮、汕、南洋等处，专为包裹货物之用。复有烟纸一种，幅度略大，厚而坚致，间染红绿色，价较高，烟厂用之以包条丝，从前销数颇大。

调河纸。出自金丰调河，色微黄，颇坚洁，供寻常簿、册、单据之用。运售大埔、梅县等处。

粗纸。亦呼"草纸"，零用，又供焚烧，如造冥锸之长方银纸。筜竹甲所产有名。③

竹木手工业。竹木用于造纸外，"尚有手制用具，如雨笠、床椅、簸箕、盘篮、谷笪、箩篓、篮篛之属。杉木则筜竹、岐岭有名，行销韩江一带，供造屋、制器之用。其他乡村出售寿板者亦颇有之。此外，木器有桌椅、橱柜、甑桶、床架、风车之属。以上竹木器具，多系工匠自制发售，若受雇代造者，尤坚致耐用。又，松材大量运售潮属，年以巨万计，则筜竹、月流所自出也。樟木有经数百年者，邑中多有之，叶有大、小之别，小叶樟可取脑制油。近今油类昂贵，邑人多伐樟以制油应用，但当随地补植，以免将来绝迹耳"④。

① 徐元龙主修，福建地方志编纂委员会整理《永定县志》（民国），厦门大学出版社（厦门），2015，第 503 页。
② 徐元龙主修，福建地方志编纂委员会整理《永定县志》（民国），厦门大学出版社（厦门），2015，第 503 页。
③ 徐元龙主修，福建地方志编纂委员会整理《永定县志》（民国），厦门大学出版社（厦门），2015，第 503 页。
④ 徐元龙主修，福建地方志编纂委员会整理《永定县志》（民国），厦门大学出版社（厦门），2015，第 504 页。

纺织业。主要以生产"夏布"为主,"麻、蕉、葛、苎四者皆可绩织为夏布",道光年间出版的《永定县志》"土产篇"中有记载:"帛之属苎布、蕉布、麻布","永无桑蚕棉花,女工借此(指夏布)为业,然不敷用"①,且有记载从外地采买"麻布、苎布"回来消费,可见纺织业更多停留于小工作坊或家庭手工制作,并没有成气候。

铁矿业。民国年间出版的《永定县志》记载,铁矿业主要生产的种类有:一是烟刀,刨条丝用,凤以洪川林日升等号出品为最良,行销广,获利丰。抗战后西陂乡林姓,以科学方法炼钢制成精良烟刀,如华南、华民两铁工厂出品之"超田""胜日""航空"等牌烟刀,为其最著者也。二是锁头、剪刀及常用铁器,多系黄田、北山、田墩、鉴霞(疑为"坎下")、塘下、坪寨等处所制,运销杭、岩、漳、潮。三是锅头,溪口、培风等地均开炉鼓铸。原料为生铁,供应本县之需,输出亦颇多。

烟草业。当然,福建土楼传统经济中手工业最发达的是烟草业,其与福建土楼的建造、兴旺、繁荣密切相关。烟草,明万历年间国外引入并传播各地,汀州也成为主要种植地,但以永定为最广最优。"烟凤昔驰名,长江南北,所在有岩人烟铺,今其利为永邑人所夺。""福烟独著于天下,烟名皮丝,又永产为道地,其味清香和平。本省他处及各省虽有,其产制成丝,色味皆不能及。国朝充饷后,永地种烟愈多,制造亦愈精洁。盖永地山多田少,种烟之利数倍于禾稻,惟此土产货于他省,财用资焉。是亦天厚其产以养人也。"②永定条丝烟凤有"烟魁"之称,"细切为丝者始于闽,故福烟独著名天下。永以膏田种烟者多"③。虽然清末后洋烟传入中国,丝烟销路受影响,但永定晒烟种植依然有相当的规模,年产量近万担。丘复曾在永定城登高时赞

---

① [清]方履篯修,巫宜福撰,福建地方志编纂委员会整理《永定县志》(清道光),厦门大学出版社(厦门),2015,第218页。
② [清]方履篯修,巫宜福撰,福建地方志编纂委员会整理《永定县志》(清道光),厦门大学出版社(厦门),2015,第226页。
③ [清]方履篯修,巫宜福撰,福建地方志编纂委员会整理《永定县志》(清道光),厦门大学出版社(厦门),2015,第226页。

叹道："春水满溪时走艇，人家绕郭尽栽烟。"①民国时期出版的《永定县志》这么描述："春夏烟草阡连，各乡工厂林立，运销全国，远及南洋。民国十五年以前，每年出口达五六万箱（箱装百包为率，包重十两。近改装小箱，交邮局寄运者），约值二百余万圆。宣统二年，南洋劝业会商人选送超庄，均获优奖。民国三年，参加巴拿马赛会又得奖凭。自纸烟盛行，销路顿微……厂多闭歇。从前向瑞金、温州、平和等地采进烟叶，近年反有输出，可见一斑。"②到 19 世纪末"永定全县制烟厂，几乎每一个稍大乡村即有几家厂，大厂雇工数十名，小厂则不过三四人，完全是手工制造，全县烟厂不下千余家"③，可见之红火。烟业带动了烟刀、烟纸等行业的发展，"世遗"福建土楼集中地永定湖坑的洪坑乡，便以烟刀生产而出名。洪坑烟刀厂达十几家，利润颇丰，也奠定了他们兴建福建土楼的经济基础。

后永定卢屏民引种"烤烟"成功后，"烤烟"得到推广种植，永定县有"烤烟之乡"的美誉，被列为全国 41 个优质烟基地县之一。烤烟是永定县内种植面积最大、商品率最高的经济作物，1949 年后烤烟收入也成为永定农民收入和县财政收入的重要来源之一。

3. 侨批经济是福建土楼客家传统经济的有利补充

福建土楼客家聚居地，地少人多，为生存生计所迫，或避战乱，或避政治迫害，或求发展，客家人在开拓大本营、艰辛创家园的同时，也不断地向外探求，发展家业事业。据不完全统计，客家人在国外的大约有 500 万之多（有说 1000 万），就如众所周知的一句话："有海水的地方有华侨，有华侨的地方就有客家人"。他们先南洋，后南北美洲、欧洲与非洲，离乡背井、辛勤劳作，在异国他乡成家立业站稳脚跟，与当地社会当地文明相融又保留着自己的文化特质。客家人在海外从事商业、服务业、交通运输业、旅游业，采

---

① 周雪香：《明清闽粤边客家地区的社会经济变迁》，福建人民出版社（福州），2007，第 194 页。

② 徐元龙主修，福建地方志编纂委员会整理《永定县志》（民国），厦门大学出版社（厦门），2015，第 502—503 页。

③ 蔡立雄主编《闽西商史》，厦门大学出版社（厦门），2014，第 20 页。

矿、养殖、制药、贸易等，他们以自己辛勤的劳动，智慧的经营，大力地促进了所在国家和地区的发展；同时他们爱家爱乡，或投资创业，或慈善助学，或寄回侨汇帮助家人，对家乡倾注爱心。

永定是侨乡。民国时期的《永定县志》这么记述："我国海禁之开，始于前清道光中叶。国人之远涉重洋，流寓于大西洋各国及太平洋群岛者，数逾千万，而以闽粤人民为最多。其营业之发达，生齿之繁殖，实有惊人之数字。永以蕞尔邑，山多田少，人民耐劳苦，富冒险性，数十年来，出洋谋生者，逐年增加。据最近调查，侨居南洋群岛之永定人，已达一万五千有奇（据民国廿七年厦门侨务局查报）。每岁辇金回国不下二百万元，其他捐助慈善教育及献金救国各款，尚不在此数。是可见邑人之爱国爱乡，虽历险阻而不渝，居异邦而无二，其热烈精神不让欧美民族。若我政府加以实力保护而奖励之，优待之，则华侨业务，行见蒸蒸日上，即以南洋为吾永之殖民地可也"，"永定各乡，旅居南洋侨胞，以第三区金丰为最多，第二区丰田次之，其他地方较少。其分布人数：英属七千有奇，荷属四千有奇，美、法、暹罗各属，约四千人"。① 特别是永定条丝烟业在清代遍布东南亚各地，永定华侨在各地推销"国货"：烟丝、铁器、纸产品等，大批物资流通也促进了贸易和金融业的发展。

侨资回乡是对地方经济的一种贡献，他们也热心家乡公益事业在家乡捐建学校、医院、桥路等。在一些华侨集中的乡村，外汇收入成了侨眷支撑生计的重要来源。据了解，民国时期永定较大型企业以及众多社会公共福利事业，都是侨眷集资或海外华侨捐助的，特别是以永定杰出的侨领胡文虎为代表的侨商，在相当长一段时间，对侨乡的政治、经济、文化等方面的发展起了积极作用。

"侨批业"——专门从事侨汇业务的行业。侨批局就是华侨汇款服务处。1979年，侨批信局归并银行，侨批的汇款功能逐渐由银行接替。至此，历时

---

① 徐元龙主修，福建地方志编纂委员会整理《永定县志》（民国），厦门大学出版社（厦门），2015，第540页。

160 多年的侨批业（或可称侨批经济）终止。

表 1-1　南洋华侨汇款回福建统计表 ①

民国廿一年（1932）	9000 万元	民国廿二年（1933）	7500 万元
民国廿三年（1934）	5000 万元	民国廿四年（1935）	5123 万元

由此观之，复兴华侨经济，即是建设一部分国民经济，其重要可知矣。

侨批业务在永定的特点是政府与民间并行。主要形式，一是政府的侨批业主要是通过政府所设银行、邮局经营外汇业务。清末就有了邮局，如光绪二十二年（1896）成立了大清邮局；光绪二十八年（1902），永定在城中大街开设永定邮政代办所（后升为二等局）；次年在坎市开办邮政代办所；接着峰市开邮局（二等局）；下洋中川、湖雷下街尾都开设代办所，都由厦门邮政总局管辖，办理汇兑、快信、包裹等业务，包含了侨汇业务。1940 年福建银行永定分理处，代理中央信托局、中央储金会及四处联合总处，发行了"节约建国"等债券。1941 年中国银行厦门分行从永安迁龙岩，在下洋设立办事分处，一度解付侨汇，其余大都由"罗公记"民信局（侨批局）及漳州、厦门邮局解付。至 1943 年 2 月，因业务小，撤并入中国银行峰市简储处。抗战时期，侨汇业也歇业了一阵，直到抗战胜利才恢复。

二是民间侨批业务的开展。主要是南靖、潮汕线路上的一些华侨入永定经营业务，也有少部分人兼营侨批事宜。"如民国时期，下洋人罗第光在广东大埔县城（今茶阳镇）开京果店，店名叫'罗公记'，兼办本县侨汇。罗第光的哥哥罗宏光在缅甸仰光开了一间仁和堂大药房，永定在缅甸的华侨多，仁和堂大药房也代为乡亲寄款回家乡。罗光第的弟弟罗迪光在汕头开了一间'广福昌'旅店，常接待水客。1949 年，移到香港，仍旧叫广福昌旅店，主

---

① 徐元龙主修，福建地方志编纂委员会整理《永定县志》（民国），厦门大学出版社（厦门），2015，第 546 页。

要经营旅社，也代办货物。"①

4. 商业流通与城乡市场的形成是福建土楼客家传统经济发展的必然结果

随着商业经济作物的种植，手工业的发展，人口变化及消费需求的提高，商业流通成为福建土楼客家人生活的重要手段。自明中叶起，汀州府已开始有商品流通，"挟货生殖何处有人"，已"与昔日不同也"②，永定"僻壤也……民田耕作之外，辄工贾"③。

到清代，商品经济在福建土楼区域更为活跃，特别是把经济作物如烟丝、竹木都作为大宗商品往外销售。如道光年间的《永定县志》记载："木材先年甚多，数十年来，连筏捆载，运卖漳、潮，今本邑亦价贵难求矣。"④民国时期的《永定县志》也记载："杉木则笙竹、岐岭有名，行销韩江一带，供造屋、制器之用。"⑤据称，著名侨领胡文虎的祖先胡海隆（15世纪末）就是利用金丰溪流放木材、毛竹到潮州，成为"父创三千，自创十八万"的大户，传为佳话。纸也是汀州各县向外销售的重要商品，主要运往广东，再由广东运往我国香港、澳门等地，或销往越南、泰国、缅甸等国。"闽属上杭、汀州、连城、永定，及韩江流域制造之纸，每年运来汕头、台湾、香港，向通商口岸及南洋、暹罗、安南出口者，年产值三四百万之巨。"⑥

烟丝是永定向外输出的又一重要商品。道光年间的《永定县志》称："惟邑无他产，远商固无有来永行货者。前《志》云'永民挟千金贸易者，百不得一'，则不然矣。乾隆四十年以后，生齿日繁，产烟亦渐多，少壮贸易他

---

① 苏志强：《永定水客与侨批业》，载《永定文史资料》第三十二辑，2013，第367—368页。

② 《汀州府志》卷一《风俗》（清嘉靖）。

③ 周雪香：《明清闽粤边客家地区的社会经济变迁》，福建人民出版社（福州），2007，第242页。

④ [清]方履篯修，巫宜福撰，福建地方志编纂委员会整理《永定县志》（清道光），厦门大学出版社（厦门），2015，第209页。

⑤ 徐元龙主修，福建地方志编纂委员会整理《永定县志》（民国），厦门大学出版社（厦门），2015，第504页。

⑥ 转引自周雪香：《明清闽粤边客家地区的社会经济变迁》，福建人民出版社（福州），2007，246—247

省。"① 说明原来走出去贸易的少，产烟多后，少壮人员往外做烟生意的多起来了。民国时期的《永定县志》也描述："春夏烟草阡连，各乡工厂林立，运销全国，远及南洋。民国十五年以前，每年出口达五六万箱，箱装百包为率，包重十两。近改装小箱，交邮局寄运者。约值二百余万圆。"② 自清至民国，永定的条丝烟主要有三条销售路线："一条是陆路，经抚市到龙岩，适中、南靖山城或经高头到山城，再到漳州、厦门、泉州、台北乃至南洋各地；二是水路，由高陂、坎市、湖雷顺永定河而下，经仙师芦下坝，陆运到大埔石市，沿汀江、韩江而下至潮州、汕头，转运至广州、昆明、桂林、梧州、柳州、香港等地；三是沿永定河经峰市逆汀江而上，到长汀后再陆续转运江西九江，再运往南昌、武汉、长沙、杭州、苏州、南京、上海等地。"③ 这三条运输路线热闹红火，沿线都有永定人开设的烟行、烟庄。直到民国后期洋烟流入境内，销售量才大幅减少，而且主要销往广东、广西和长江流域等地区。因此，永定烟草业的发展和繁荣除了永定烟草质量上乘外，也与永定的地理位置和交通条件有密切关系，水陆交通都相对便利，使烟草形成通畅的外销运输条件。从以上三条线路可以看到，永定的河流与汀江、梅江水系相通，而且还有一条贯通"上杭—永定—湖雷—抚市—龙潭—漳州"的古驿也是很重要的陆路运输线。

物产流通中也有一部分输入的商品，从大额看，永定输进较多的一是食盐，二是粮食，三是棉布。

食盐的输入。福建土楼地区地属山区，不产盐，盐靠外运而来。按宋代的盐区划分，汀州的长汀、清流、宁化食福盐；上杭、永定、武平、连城从运输路线看，属从潮州进盐。南宋《临汀志·上杭》称："自汀至潮，凡五百

---

① [清]方履籛修，巫宜福撰，福建地方志编纂委员会整理《永定县志》(清道光)，厦门大学出版社(厦门)，2015，第 280 页。

② 徐元龙主修，福建地方志编纂委员会整理《永定县志》(民国)，厦门大学出版社(厦门)，2015，第 502 页。

③ 周雪香：《明清闽粤边客家地区的社会经济变迁》，福建人民出版社(福州)，2007，第 247 页。

滩,至鱼矶逾岭,乃运潮盐往来路。"① 也可从潮州到大埔三河坝,"自三河另有小水商人易小舠达镇平,自镇平达武平所,过山从羊角水下船"②。当然,清后期也因盐商不法,操纵居奇,两广总督奏请改为官运官销。

粮食的输入。永定山多地少,加上人口膨胀的压力、经济作物种植量的增大,明清时期缺少粮食已很明显,因此需要大量进口粮食。"永邑山多田少,丰年常仰给于江粤"③,加上"民间种烟者利多于谷。故米麦不敷民食"④。粮食运营一般也是两条线路:一是汀州从潮州入盐后,运一部分往赣境内,再采购一部分粮食回来出售,也供应相邻各县,汀州成了盐粮商贸中转站。另一部分是直接走上杭峰市—大埔的线路。开海禁后,从汕头输入海米,也便能从大埔入嘉应采购海米了。民国时期的《永定县志》里有记载:"下溪南之芦下坝,潮州盐、米,自大埔虎头砂起陆,过半山凹入县境五里,至此船运深溪或坎市","胜运之丰稔寺,潮州盐、米,自大埔枋坝起陆至崆头,再由县境河口船运至此"⑤。

棉布的输入。因为永定本地只产土布即"夏布",由苎麻织成,夏天衣之凉快,但至冬天必然不能抵御寒冷,需要引入棉布供民众所需。民国期间,大埔每年输入的布料种类繁多,有土布,来自潮阳、兴宁等;有洋布,由潮汕运入;还有丝绸、棉布、棉纱等,每年约销 50 万元。

当然除了这些主要的商品外,还有如植物油、果品、糖、药材、海产、日用品等的输入。

商品的流通促进了市场的形成和城镇的发展,福建土楼地区也经历了这

---

① [宋]胡太初修,赵与沐纂《临汀志》。
② 周雪香:《明清闽粤边客家地区的社会经济变迁》,福建人民出版社(福州),2007,第 250 页。
③ [清]赵良生修撰,福建地方志编纂委员会整理《永定县志》(清康熙)卷九《兵制志·灾异志》,厦门大学出版社(厦门),2015。
④ 周雪香:《明清闽粤边客家地区的社会经济变迁》,福建人民出版社(福州),2007,第 252 页。
⑤ 徐元龙主修,福建地方志编纂委员会整理《永定县志》(民国),厦门大学出版社(厦门),2015,第 117 页。

样的发展过程。汀州地方市场主要分墟市、镇市、县市三个级别。镇市是比墟市高一级的市场建制。宋代，镇是以拥有一定人口的聚落和一定的税收额度作为设置依据。超过千户左右的镇市则升为县，一般县里则有县市。

最早期的市场称墟、市。康熙年间的《兴宁县志》载："北方曰集，南方曰墟，皆村落之市，无市司之评，所以贸迁有无，便民事也。"① 民国时期的《永定县志》在《城市志》篇记载："若夫各乡交易聚集之所，普通名为'集场'。兹据乡土习惯或曰'市'，或曰'墟'。盖人聚则集，散则墟，各据其一而言。大率相距一二十里至四十里，即有市场，以便贸易。各有定期，沿用夏历。"② 镇市是经济发展和商品流通之结果。康熙年间，永定的镇市只有"县前市、南门市、东门市、西门市、湖雷墟、武溪墟、溪口墟、双口墟、永龙墟、大排墟、大院墟、丰稔墟、下洋墟、古竹墟、深溪镇、仙师镇、折滩镇"等，而且认为"永之市镇，居积不时。农纳其获，女效其织，非有商贾奇赢，列牙分埠之地也。故价不待平，市无私敛，交易而退。其犹神农氏之风欤"③！也就是说，镇集只是看商品需要而起而散，无固定之集市，但到民国时期却已有城里墟、湖雷墟、下洋墟等 39 个。从康熙年间到民国时期增加了 22 个，反映了当时的经济增长，人口增多、物产更丰富。

随着商品流通和商品经济的发展，一些专业市场也随之出现，同时也形成了一些商贸的重要集镇。

永定最著名的贸易集镇是峰市（1940 年后归永定管，之前属上杭），位于汀江下游西岸。《福建航道志》描述："峰市至石市是闽粤两省交界地，全长仅七公里，谷名'半山'，两岸石壁如削，河床最为狭窄，狼牙巨礁，林立棋布，流态紊乱，回旋飞溅，水雾蒙蒙，白浪翻滚，其声如雷，数里可闻，船行至此裹足不前，为千百年来的航运禁地。"④ 可见汀江至此江面已变窄，

① 《兴宁县志》卷一《墟市》（清康熙）。
② 徐元龙主修，福建地方志编纂委员会整理《永定县志》（民国），厦门大学出版社（厦门），2015，第 98 页。
③ 《永定县志·城志》（清康熙）。
④ 蔡立雄主编《闽西商史》，厦门大学出版社（厦门），2014，第 47 页。

险滩较多，最有名的就是"棉花滩"，船到此不能再通行，货物只能由人肩挑十里过山至岸，再装入大埔石上埠码头河岸上的船只。由此，峰市必然成为一个集散口岸，特别是盐运的集散中心，其中也包括其他各类商品，如木材、纸、米、豆、烟、油等，都在这向汀州各县转运，这里也就成为转口贸易口岸，汀州往漳厦、潮汕的重要转运枢纽。到清末民初，峰市街上从事转口贸易的"行店"已达 320 多间，除了做大宗商品的贸易外，他们还兼营些土特产、洋货等；峰市有 7 个木船靠岸码头，每天停泊近百只船，码头工人近 400 人，峰市到大埔挑夫近 3000 人，峰市街人口达 18000 人。[①] 政府为保障航运及货物的顺畅与安全，明嘉靖三十七年（1558）设立了抚民馆城，用以护航抚民。到清代，汀州经济发展，人口激增，汀江水运更加繁忙。雍正十二年（1734）设上杭县丞公署，第二年移驻峰市，民国时期改为"峰市特区署"，相当于副县级的派出机构，到 1915 年撤销，管理已达 181 年。可见当时峰市人口众、商务忙，才有设立独立管理机构之必要。

第三节　福建土楼客家的主要物产与生产营销

福建土楼客家地区山清水秀，物产丰富，养育了世代的福建土楼客家人，这里选择福建土楼区域有代表性的物产进行讨论，包括历史上永定重要的经济作物、永定地方乡土特产、著名永定客家美食。依此定位，永定几大物产应为：条丝烟、土纸、菜干。

1. 福建土楼客家的重要经济作物"条丝烟"

条丝烟的种植和晒制，始于明万历年间（1573—1620），经清朝、民国至1949 年 10 月，延续了四个世纪，其鼎盛时期为清乾隆、嘉庆年间到 1942 年前后。

历史记载多突出其经济价值、种植者众多，为永定最为重要的经济作物。乾隆年间的《永定县志》在物产中也继续纪述："烟即淡芭菰。细切为丝者始

---

① 周雪香：《明清闽粤边客家地区的社会经济变迁》，福建人民出版社（福州），2007，第 270—272 页。

于闽，故福烟独著名天下。永以膏田种烟者多，近奉文严禁，即种于旱地高原，亦损肥田之粪十之五六。但货于江西、广东，多带米、布、棉、苎之类回邑给用，是两利也。"① 民国时期的《永定县志》更加突出其地位，物产篇里第一条就是"条烟"："条烟，又称'皮丝'，拣选、晒干黄漂烟叶（烟草培植法见《物产志》），经去骨、扬尘、拍碎、掺匀适宜油水，压成长方砖块，刨制细丝而成。有头、二、三庄之分。色金黄，气味芬芳而醇厚，吸之驱除瘴秽，素有'烟魁'之称。春夏烟草阡连，各乡工厂林立，运销全国，远及南洋。"②

条丝烟（晒烟）制作工艺比较缓慢，其细工出精品的过程为：首先把烟叶晒干，然后撕去叶脉，再拍净叶上脏物并放阳光下暴晒，晒到"酥脆"为宜。接着用双手或木棒拍打，直到变成碎屑，然后再用筛子筛去灰尘，用簸箕盛上，上下抖动，去除细沙、残枝等。再把烟叶摊在干净的室内喷油撒粉，再用专用工具将其制作成"烟砖"。再转入最后的加工程序，把烟砖送上烟凳，用烟刀切成烟丝。上好的烟丝色泽金黄，味道香醇，芳香扑鼻。

烟草作为永定重要的经济收入来源之一，在漫长的发展过程中，与永定人民的经济生活兴衰与共，息息相关。自清代中叶至民国初期近 200 年间，永定条丝烟风靡全国甚至海外，给永定人带来走南闯北、大开眼界的机缘，更带来滚滚财源，造就了许许多多大大小小的富翁，由此还带动各行各业的发展。居民的经济收入增加、生活水平普遍提高后，客家人对居所的要求格外迫切。正是在这样的政治、经济和文化背景下，福建土楼建筑进入鼎盛时期。全县大大小小的福建土楼如雨后春笋般涌现。自明中叶起，永定外出经营条丝烟致富的人很多，因而在家乡建造了不少住宅，如洪山乡上迳村"大夫第"、高陂乡上洋村"遗经楼"、古竹乡大德村"棣辉楼"以及抚市社前村的福建土楼群，湖雷罗陂村现存五座规模最大的楼房等，无不属经营条丝烟

---

① ［清］伍玮、王见川修撰，福建地方志编纂委员会整理《永定县志》（清乾隆），厦门大学出版社（厦门），2015，第 104 页。

② 徐元龙主修，福建地方志编纂委员会整理《永定县志》（民国），厦门大学出版社（厦门），2015，第 503 页。

获得巨额利润之产物。

　　永定种植晒烟的农户多，加工制作条丝烟的农户也很多。如湖雷罗陂村，在清朝中后期，全村80多户500余人，有条丝烟作坊30多家，除刨烟师傅和打烟叶的共300多人外，剩余的青壮年种晒烟、老人小孩撕烟叶，全村几乎没有闲人。抚市新民村，在全村90多座民居福建土楼内，有近百家的条丝烟厂（作坊），从业人员2000余人，日产条丝烟7000—8000公斤。地处永定与南靖交界的高头乡，从嘉庆年间至1948年的百余年间，全乡人口不足4000人，有条丝烟作坊90多家，最高年产量在5万公斤以上。据《永定县志》记载，1926年以前，永定条丝烟每年出口5万—6万箱（每箱100包）。"主要的经销路线有两条：一条取道峰市，沿汀江水道溯流而上，经长汀转入江西、湖南、湖北；一条取道漳州，前往厦门，由厦门海上运输至上海、江苏及南洋各地。"①

　　随着条丝烟业的兴起，有许多能人从默默无闻的农户成长为赫赫有名的商家，他们开设的条丝烟庄、商行，遍布江南各大中城市，其中实力雄厚、影响较大的，有在上海的"怡和成""天生德""永隆昌""苏德康""松万茂""万有谦""万昌"，广州的"黄福隆""卢万安""阙德隆"，南京的"万春泉""戴福昌""龙兴贵"，武汉的"苏德茂""苏德兴""卢恒茂""三益衡""广益庄"，长沙的"胜美隆""怡永龙""怡茂源"，以及杭州的"大有鼎"，苏州的"万顺仁"，扬州的"太丰""太昌义"，厦门的"德昌隆""泰裕祥"等。迄今还有许多永籍烟商的后裔仍留居上述各地，如抚市仅新民村留居湖南长沙的赖氏后裔就达2000余人，占该村现有人口的60%。

　　在外的永籍烟商及其后裔，有的学有所成功名显赫，如黄钟音，清道光十二年（1832）壬辰科中四川榜殿试三甲进士，胡应卿与他同年同科中湖南榜殿试二甲进士。有的成为商业巨贾，如抚市里兴村的王道宣，早年在湖南长沙开办条丝烟作坊，后于1939年在该市大雨厂坪开设手工卷烟厂，生产"王先生"等牌号卷烟。工厂被日本飞机炸毁后，又于1946年开办新中烟厂

① 蔡立雄主编《闽西商史》，厦门大学出版社（厦门），2014，第336页。

（即后来长沙烟厂的前身）。中寨村苏子牧、苏子新，鹊坪村姜桂兰等人也是这样，他们在柳州、贵定经营条丝烟，1947年前后联合创办柳州"新华卷烟厂"（现柳州烟厂的前身），为当地的经济发展做出很大贡献。有的成为乐善好施的大慈善家，如社前的赖庚兴，乾隆年间在江西宁都、瑞金等地开办条丝烟加工作坊，一度成为永定首富，不仅在家乡兴建占地近20亩的三堂四层的"庚兴楼"，还在江西分宁三十一都（今宁都一带）出资2500银圆捐建十五孔的"永济石拱桥"，在瑞金、长沙以及本县峰市、金砂等地捐建凉亭上百座，从永定峰市至广东青溪路段上的"十里九凉亭"也是他捐建的。他在晚年还为永定东华山建了一座关帝庙。道光五年（1825），闽浙总兵赵慎珍阅兵路过永定得知赖庚兴的为人后，特赠"为善最乐"金字匾额悬挂在"庚兴楼"的中堂以表尊敬。

在国内众多的商埠中，台湾算是永定条丝烟的一大销售市场。台湾于光绪二十一年（1895）《马关条约》割予日本后，日殖民政府就对入台条丝烟征重税，开始为50%，后来增至100%。于是永定条丝烟售价昂贵，销量锐减。商人们为求生计，改用由永定运烟叶到台湾加工条丝烟出售的办法继续经营。不久，日殖民政府又对入台烟叶课以种种重税，永定烟商不堪重压，纷纷歇业回家。

永定条丝烟绝迹于台湾市场后，日人立即仿制以供市场需要，其中，三井洋行的日本老板委托台厦商人来永定上丰、溪南、仙师宫等地采购烟叶运往台湾，年收购输出量多达上百万斤。

"七七事变"后，国土沦陷，港口被封，永定烟业一落千丈，农民停栽，工厂倒闭，烟店停业，商行无贷，农村经济濒于破产。至1949年10月，全县种植晒烟面积仅有1069亩，年产量16.35万公斤，只能满足县内所需而已。

民国时期永定晒烟产业破产后，为重振永定经济，永籍科学家卢衍豪于1943年从南京寄回烤烟种子在故乡坎市试种。由于烤房设施不完备、烤焙技术不过关，未获成功。1946年春，坎市浮山商人卢屏民率领家人在浮山洋寨排开垦荒地两亩，培植自己从贵定带回的烤烟，并将自家老楼的柴间改建成为永定第一座烤房，但也因烘烤经验不足，当年所产的25公斤烟叶，不是烤成黑槽烟就是烤成青烟。但他不甘心，立即分别写信向在云南昆明和贵州贵定的同乡请求寄回"小金元"与"大金元"烟种，终于在次年获得种植、烤烟双成功，成为永定烤烟种植业的创始人。

1949年10月后，永定大力推广烤烟生产，永定烤烟也以其外观和品质立于全国之冠，每年种植面积10万亩以上，是全国41个优质烤烟产区之一，是国内几家著名烟草公司生产卷烟的首选烟叶原料，赢得了"烤烟之乡"的美誉。

2. 福建土楼客家传统手工业产品"土纸"

土纸是汀州主要手工产品之一，长汀、上杭、连城、永定、武平等都有生产，土纸的原料是毛竹（竹麻）。南宋《临汀志》记载："汀境竹山，繁林翳荟，蔽日参天，制纸远贩，其利兼赢。"[①] 土纸主要品种有文化纸（包括毛边纸、玉扣纸、顺太纸）、粗料纸（包括节包纸、永利纸、长连纸）和高级土纸（包括粉土纸、粉连纸等）。本省土纸大量销往全国各地及香港、澳门地区，并出口日本、马来西亚、新加坡、菲律宾、泰国、印度尼西亚、缅甸等国家。

永定土纸盛行主要源于竹多，同时也因为以竹浆为原料的土纸具有防潮、保鲜的作用，因此主要用于包装条丝烟。条丝烟的大量生产必然带动土纸的生产。

永定纸业一度兴盛，制作土纸的纸槽遍及各乡大小山村，下洋、湖坑、古竹、陈东、湖雷、合溪、堂堡、抚市、高陂等处都有生产土纸。民国时期的《永定县志》"实业篇"对纸业记述翔实："永地多竹，原料颇丰，惜槽工沿用旧法，出品粗松，不合印刷书报之用。产额以包纸为最多，销场亦广，从前出口年在十万担以上。"[②]

土纸种类很多，有包纸、调河纸、夹头纸、粗纸等。

调河纸，出金丰调河，色微黄，颇坚洁，供寻常簿、册、单据之用。运

---

① [清] 杨澜：《临汀汇考》卷四《物产考》。

② 徐元龙主修，福建地方志编纂委员会整理《永定县志》（民国），厦门大学出版社（厦门），2015，第503页。

售大埔、梅县等处。

夹头纸，以其一头夹连，故名。质粗价廉，供造鞭炮、搓纸捻及挂墓零星之需，各纸厂多产之。

粗纸，亦呼"草纸"，零用，又供焚烧，若造冥镪之长方银纸。笔竹甲所产有名。[1] 可见土纸主要用于包装，也供加工祭祀品，旧时妇女还用作卫生纸。不同品种质量不同，价位不同，用途也不同。质量好的土纸韧性好、吸水性强、纸面光滑，用它来包东西可以不走味、防受潮、防虫蛀，有保鲜、消炎等功效。除此之外，因其具有墨水写字不褪色的独特效果，旧时还用于书写合约、族谱等，也有烟民用它来包裹烟丝，抽烟时会有满嘴竹笋的清香。也销往江西、赣州等地，用来做金银纸。

土纸的制作，主要经过以下程序："新竹劈四分或八分，长五尺，放池中，竹片一层，石灰一层，至高度适宜后，压以巨石，引水浸之。七月后，洗净，分为皮、肉二层，各入碓舂之，使烂，乃和以水，曰'纸浆'。盛于木榠，再用寸许高之木框，底夹以极细竹帘，双手捧入榠内，使竹浆泛入木框中，即捧起，则水从帘缝流去，留帘上者为纸。于是，去木框，把竹帘反转，纸已脱帘而下，再分批贴焙壁上，干之扯下，装成刀数，遂告完成。"[2]

客家手工造纸的主要设备除纸槽、湖塘、石灰寮、焙笼外，还有大小竹笪、竹箩、帘床、搓鼓笪、槽等其他工具。一般在立夏至小满间砍竹最为适宜。纸农们将嫩竹（俗称青竹）砍伐后，经过段青、削竹、拷白、晒胚、斩断、捆扎，接着就是淹料、煮料、出镬、翻滩（汰清）、轮尿、堆蓬、入栈等20多道工序，经过一个多月被纸农们称作"削竹办料"的过程，用尽了条件许可的一切手段，目的就是要从竹子里面取出合乎造纸条件的纤维。办料完毕，接下来是做纸。用极细的竹丝编成的帘，缓缓地从槽中兜起纸浆，又缓缓地向前倾斜帘床，将多余的浆水由帘床前沿晃出，滤掉水便剩下一层薄

---

[1] 徐元龙主修，福建地方志编纂委员会整理《永定县志》（民国），厦门大学出版社（厦门），2015，第503页。

[2] 徐元龙主修，福建地方志编纂委员会整理《永定县志》（民国），厦门大学出版社（厦门），2015，第504页。

薄的纸浆膜。将操起纸的那一面帘子往纸架上轻轻覆下，再轻轻地揭起，纸就粘在那板上或先前的纸上了。纸叠纸，约莫一千张了，算作一件，移至榨机处榨去水分，然后掰分成三节或四节。分纸这活儿较轻便，主要由老人和妇女来完成。他们用特制的类似于手箍的东西（俗称"窝椰头"）在纸胚上猛划几下，再用食指和拇指撮住纸胚的右上角捻一捻，一侧的纸角便翘起，用嘴巴鼓气吹拂，借机逐张分离。分离后的纸张堆放在刷纸板上，待积累一定数量后，搭在竹竿上晾干。大致过程为破竹落湖、掰竹麻、礁踏竹麻、抄纸、焙纸、选放、折纸等环节，从投料到成品需经 130 天时间。

清时，永定纸业发达，出口达十万担。1949 年 10 月后，政府也扶持土纸生产，土纸生产也得到一定的发展。但随着工业化进程，土造纸因劳动强度大，生产效益低，工艺落后，产品销路差，已经到了不复存在的地步。但土纸生产可作为一种传统手工艺加以保护性保留，而且可和传统食品、传统包装、传统印刷等结合，进行保护性的开发利用。

3. "闽西八大干"之一"永定菜干"

永定菜干是"闽西八大干"之一。一方水土养一方人，饮食文化跟民众的生存方式和生活环境密切相关。客家作为汉民族大家庭中的一个独特的支系，他们在饮食习俗、饮食心理等方面继承了部分中原饮食文化传统，但为了适应生存与发展的需要，客家人在闽西入乡随俗，在饮食上也做出了改变，形成了独树一帜的客家饮食文化。客家饮食文化丰富多彩，有些也享誉八方。"闽西八大干"，从它和客家人的生活环境、生存方式及客家人的聪明智慧及生态绿色性看，当仁不让地成为客家美食文化符号。

永定菜干，有 500 多年的生产加工历史。相传，明成化十四年（1478），永定建县后，县令都把永定菜干都作为贡品送入京城，受到帝王的赞赏。永定菜干也以色香味佳闻名于省内外和东南亚一带，"万金油大王"胡文虎在南洋居住时，就常托人捎带家乡的菜干。菜干既是全县广大客家农户自行制藏备用的珍品，也是客家宴席上地道的十二大盘之一的美味佳肴。作为传统的土物名产，它还是永定籍华侨、侨眷携带出国馈赠亲友的富有家乡人情风味的高级礼品。2011 年，"永定菜干"被国家工商总局授予"国家地理保护标志"，其中由永定金砂食品厂生产的福建土楼牌菜干，曾荣获 2000 年福建省农业精品展销会金奖，被龙岩市消费者委员会推荐为绿色消费品。

永定气候温和湿润，夏季热而不酷，冬季寒而不冽，虽有霜冻，但不下雪，是种植菜干原料——芥菜的良好基地。每年秋收完毕，农民们就大种芥菜，到春节前后收成，便家家户户制作菜干，而年产量十余万公斤的福建土楼牌菜干厂更是一片繁忙景象。永定菜干分甜菜干和酸菜干两种，因此，菜干制作也因品种而异。制作甜菜干，先削去菜头、抖弃泥沙、去除杂质，洗净后晒一两天，待菜叶表面水分全部收干略显萎蔫时，用蒸笼熏蒸，蒸后复晒，如此反复多次，使其充分发酵，产生菜干独有的酶，香气浓郁。上等甜菜干经七蒸七晒制成，其味更是香美异常。制作酸菜干，先将鲜嫩芥菜晒软，洗净后晾干，再切成二三厘米长的短条，佐以适量食盐，揉搓之后装入菜瓮密封发酵一两周即取出焖蒸晒干，再复蒸晒两次便可收藏、销售。

永定甜菜干，色泽乌黑油亮，香气浓郁，味道甘甜可口；酸菜干呈黄褐色，酸中带甜。这两种菜干既可以清蒸、干炒，也可以煮汤，均香味醇厚，油而不腻，有极好的口感。配以适量猪三层肉、精盐、酱油、味精、红糖等佐料制成清香扑鼻的"梅菜扣肉"，是客家美食之一，不但造型美观、风味独特，而且对人体肠胃大有裨益。永定菜干含有蛋白质、糖类、膳食纤维、维生素 B、维生素 C、维生素 E、烟酸、胡萝卜素、谷氨酸和氨基酸，以及钙、磷、铁等十几种人体所需的矿物质，有健胃、祛风湿、诱发食欲、帮助消化和减肥的作用。

如今永定菜干在永定金砂镇也开始进入规模化和产业化的生产，产品远销省内外。

永定菜干，既是土特产品，也承载着一种独特的文化。客家人早期多聚居山高水冷地区，食物宜温热，菜肴有"鲜润、浓香、醇厚"的特色。他们制备咸菜、菜干、萝卜干等耐吃耐留的食物，带着浓浓的山野素朴气息，这与客家人的生活环境有很大关系。早年间客家人为了适应迁徙需要而制作的易于保存的食品，是这支北方移民的足迹见证；其山间地头就地取材，也是客家人自给自足自然经济的重要表现；同时客家人的智慧也体现其中，如在制作工艺以人工为主的年代里，注重选材、加工精细、口味独特还关注营养调节等。当然随着人们生活水平的提高，人们对于这类特产会有更多的选择，包括"菜干"在内的"闽西八大干"这些特色食品要走安全、品质之路，从包装设计到营销策略都要加以改善，才能让"闽西八大干"的附加值提高。

第二章 福建土楼客家传统经济生活场所与经营方式

　　客家土楼人，祖辈们跋山涉水，辗转万里来到大本营之一——客家祖地（闽西），不畏艰辛地开垦着这片蛮荒之地，养育子孙后代。永定的大多数姓氏宗族的开基地都是宋元以后才得到开发的。尤其是金丰河流域，更是迟至元、明时期才得到较大规模的开发。永定客家人建造了神奇的土楼，而土楼的建造所需要的物质支撑来自烟丝、烟刀等烟产业的发达。一旦有了安身立命之所，客家人创业寻求温饱的同时，开设私塾，创办书院，把兴学育人当作家族发展的根本措施和千秋功业，让自家子弟和当地居民都接受中原传统文化的教育，耕读传家是他们的主要生存方式和独特经济场景。

　　经过成百上千年的辛勤培育，以永定土楼为标志的客家文化之树已经根深叶茂，开花结果，并且随着客家人的外迁拓展而传播到海内外，落地生根，再展新枝。客家人从闽西经永定出发，徙入粤东，挺进桂川，开发琼台，甚至远涉重洋，客家民系进一步发展壮大。那个岁月里，"水客"就是贵人，带来海外亲人的消息和钱银，送去家乡的祝福和子弟。客家人形成了独特的生产生活模式：亦耕亦读、可农可商、守家勤业、开拓进取。

第一节　耕读与传家

　　耕读传家，亦耕亦读是客家人的生活方式之一，也是生存方式之一。通过耕田力作奠定发家基业，进而督课子孙勤奋苦读，获取功名。"耕"为生存之本，是读的基础；"读"是迁升之路，是耕读的最终目的和追求，体现了物质生活和精神追求的统一。客家人生活环境多为山地丘陵地带，交通不便，形成了自给自足的小农经济。在这种生存环境中，客家人深知要求得生存，必须勤于耕稼；要求得发展，只有读书仕进，舍此别无他途。"耕读传家"即耕田可以事稼穑，丰五谷，养家糊口，安身立命；读书可以知诗书，达礼义，修身养性，以立高德。这四个字，刻在许多福建土楼匾额上，或撰写在姓氏族谱里，是客家千年传诵并践行的家训和家风。客家先哲罗香林这么总结说："刻苦耐劳所以树立事功，容物覃人所以敬业乐群。而耕田读书所以稳定生计与处世立身，关系尤大。有生计、能立身，自然就可久可大，客家人的社会普遍是耕读人家，这是过去的为然，现在还未全改，所以他们普通人家的家庭分子来说，总有人能做到可进可退，可行可藏的地步。这在社会遗业的观点看来，可说是一群迁民经过了生存奋斗而累积了无数经验的优者。"[①] 福建土楼客家人重视耕读，这是中原传统文化的传承。中原传统文化中，重农轻商被视为正统之道，在福建土楼的匾额、楼对中这种观念处处皆是。客家人所居之处皆为山区，山多田少，交通不便，商业的发展条件不足，客家人世世代代便重复简单的农业劳作，形成了固定的生产生活方式。福建土楼客家人也一样，他们世代秉承着耕作养家、重读育才的生活理念，"耕"是他们的生存基础，"读"是他们的生存理想，以耕养读，以读登高。

福建土楼客家人最重视的两件大事，一是耕田劳作，获取丰收，二是崇文重教，培育子孙，这样在他们心里就能筑起高楼，光宗耀祖，兴百年大业了。

"耕读为本"主要包含了两个方面的内容：一是"以农为本"的传统观念，这是传统农业社会的价值取向。在传统的农业社会，土地是财富的重要标志，客家人认为土地和农业资产是光大祖德、安身立命的根本。有经济头脑、擅长多种经营者，从事商贸活动发家后也很快把资金转到土地投资上。尽管从

[①] 罗香林：《客家源流考》，中国华侨出版社（北京），1989，第 105 页。

商能致富，然而客家人极其看重门风，重农轻商，经商"恐后人瞒心昧己"，有损家风，因此喜欢慎终追远、以中原望族而自矜的客家人，自然时时都要求族人坚守耕读传家的祖训。二是"士农工商"的传统产业思想。客家人生活环境封闭，形成自给自足的小农经济，在这种生存环境中，耕读是必然之路，"耕可致富，读可荣身"，"朝为田舍郎，暮登天子堂"，这些俗语在客家广为流传，使客家人认定晴耕雨读、文武双全是最理想的人生模式。民国时期的《永定县志》"风俗篇"里概括道："明《郡志》云：'永定山高水驶，土爽地腴，民性质直，气习劲毅。男勤生业，市无赌博之风；女务织纴，乡服耘馌之劳。取士登科者不乏，读书传世者恒多。'《省志》云：'永定贫者，栽山种畲，而鲜行乞于市。'《府志》云：'永定家弦户诵，朴陋少文，勤力作，妇女亦同劳苦，喜任恤戚邻，不惜匡扶。睹淳沕之风，欣然庆矣。'"① 可见民风纯朴，重视耕读。福建土楼中有不少楹联也反映了福建土楼客家人"耕读传家"的理想愿望，如"集善唯凭耕与读，庆余不外俭与勤"（湖坑镇山下村集庆楼），"德门仁里忠和孝，兴家立业读与耕"（高头乡高东村德兴楼），"五亩田成卷书宜耕宜读也，四围山一溪水或樵夫或渔夫"（高陂镇上洋村郎官第）。②

1. 重耕作是福建土楼客家人传家的生存之本

客家人依靠山间盆地、河谷平地及梯田，年复一年日复一日地"日出而作，日入而息，凿井而饮，耕田而食"，过着稳定平和的农耕生活。他们形成了一分耕耘一分收获的务实精神；崇尚耕织并重、耕读传家的田园诗式的生活，"人无万金之家，力作三时之务，有古唐风"③。同时他们又实用入世，不免有封闭、单一、重复、机械的特点——客家地区数百年来生活方式几乎不变或受冲击不大，长期重复同一种生产生活方式。

永定耕地情况。民国时期的《永定县志》记述："本县土壤之利用方式，

---

① 徐元龙主修，福建地方志编纂委员会整理《永定县志》（民国），厦门大学出版社（厦门），2015，第375—376页。

② 胡大新主编《土楼祖训》，中央文献出版社（北京），2014，第72页。

③ 《永定县志·风俗篇》（清康熙）。

可以分为农地、林地与荒地三类。农地之利用有单季稻田，双季稻田，烟草与甘薯、高粱、芋头间作田，水稻甘薯田、旱作田等。林地亦可分成密林、疏林。"① "全邑山田五倍于平野，层累十余级不满一亩，农者艰于得耕。佃赁主业，保为世守，水耕火种，力勤勿惜。旧不种麦，今则桃花风暖，黄浪盈畴矣。" "田之高燥者多瘠，岁只一收；田之卑湿者多肥，岁可两收。本邑土薄水浅，无以备旱，故旬日不雨，则农人争水矣；二十日不雨，则迎神祷雨矣。是宜使地方造林，庶可免旱干之患耳。"② 可知永定山田多，且水利不到位，靠天吃饭现象比较严重，由此也可知农人之艰辛。

福建土楼客家的农作物除前面所述的烟草外，主要就是水稻、甘薯、土豆等。根据不同土质，水稻分为几类种植方式：③

单季稻田。这里气候温暖，多数农田均栽两季水稻，单季稻田之面积分布甚小，仅见于古木、大墟尾、采地、灌洋、高地、田洋等地。

双季稻田。马益诗云："两熟湖田天下无。"但永定的尺寸之田皆两熟。可见永定农田十之八九为双季稻田，栽种方式以早、晚稻连作者居多，间作者较少。普遍在农历正月下种，三月清明、谷雨间插秧，六月收获；七月晚稻插秧，十月下旬收获。传统上以农机肥为主。

烟草与甘薯、高粱、芋头间作田。烟草为永定主要经济作物，过去栽培区域普及全县，尤以湖雷、抚市等地为最多，制成条丝烟运销湖南等省，颇有盛名，全县经济以此为中心。烟草之栽培，均与水稻轮作，隔年种植。烟草多与甘薯、高粱等间作，烟草收获以后，即以甘薯等为主。栽种甘薯，多以其嫩叶作蔬菜食用，故建棚架，不使其藤叶蔓生地面，可免除翻蔓工序，且得少数之根入土结成壮大之薯，一举两得。

水稻甘薯田。见于灌洋一带或城区附近，面积不广，土壤为准湿土及潴

---

① 徐元龙主修，福建地方志编纂委员会整理《永定县志》（民国），厦门大学出版社（厦门），2015，第443页。

② 徐元龙主修，福建地方志编纂委员会整理《永定县志》（民国），厦门大学出版社（厦门），2015，第443页。

③ 徐元龙主修，福建地方志编纂委员会整理《永定县志》（民国），厦门大学出版社（厦门），2015，第445—446页。

育湿土。通常于水稻收获以后栽种甘薯，冬季则种小麦，一年三熟，产量亦尚可观。灌洋甘薯县内闻名。

旱作田。见于大甲墟附近、马山堡及龙潭墟等地。土壤为红壤或黄壤，性质本来瘠薄，但经耕作以后逐渐改良。灌溉水源均不充足，目前栽培作物多为甘薯。

水稻的种类。主要分为早稻晚稻、粳米糯米。"永田两熟。早熟名'秥'，耐旱。宋真宗以福建田多高仰，遣使占城，求得种十石，遗福民莳之者是也。有白、赤两种，白者尤佳，性和质硬。晚熟名'粳'，早稻收后另栽者，俗呼'稳子'，以其丛小易持取也。早稻既耘加粪后，于其距离间莳之者曰'偬子'。偬，读若土音'郑'。晚熟之稻分有芒、无芒两种，皆小雪前后收，味减于秥。邑于稻之不粘者，其米通呼'秥米'，又曰'硬米'。又，米粘者曰'秫'，即'糯'也，可酿酒。分大、小两种，又有红壳者，有有芒者。又，岁一登者，俗名'大冬'，分大秥、大禾、大糯三种，永间栽之。又，稻之香者曰'香禾'，俗呼'禾米'，性冷，宜深山种之，分粘与否两种，煮食皆极香，以之作饵，呼为'禾米粄'，永亦间有。又，旧有夏至后收者，俗名'三冬子'，利于青黄间接济。"①

福建土楼客家的节气农事。福建土楼客家人，根据当地气候和种植的需要，在节气农事安排上总结了自己的经验。如"交春晴一日，耕田不用力"，"谷雨在月头，秧多不要愁，谷雨在月尾，寻秧不知归"，"清明种芋，谷雨栽姜"，"秧奔小满谷奔秋"等。同时也有许多祈丰收、庆丰收的民俗节庆活动。如农历四月间，各乡多迎"五谷神"，颇有"祈年"遗意。客家民间对每年第一次插秧，叫"开秧门"，结束插秧那天，又叫"关秧门"。客家以水稻种植为安身立命、世代传家之本，因而有着许多关于稻作生产的传统习俗，并形成了一个相对完整的稻作民俗体系。从播种开始，客家有"挂田钱""祭秧田"仪式；到插秧时，又有"开秧门""关秧门"之俗；而农历六月稻谷即将

---

① 徐元龙主修，福建地方志编纂委员会整理《永定县志》（民国），厦门大学出版社（厦门），2015，第445页。

收割之时，客家人又要纷纷"吃新""尝新"；稻谷收割完毕，感恩的客家则要摆"洗禾镰"酒，或立秋时节做糍粑，以庆丰收。

福建土楼客家重耕劝勤的家训家规。江氏家规里，强调子辈应该"务农业以为本"："务本农业，上而国本，食为民天，不独食力者当勤力南亩，即儒者以读兼农，诚古今之通业，舍是皆为旁径。负末横经，昔贤不可师乎？凡我族姓务须勤力农田，则耕三余九，虽有水旱亦足支也。"[1] 还如卢氏家训也强调"务农桑"："农桑衣食必资，上可以供父母，下可养妻儿，所以养生之本也。苟不勤力耕种，必致荒芜田园。凡我族人，切不可偷安懒惰，以至终身饥寒。是为懒夫也。"[2]

2. 重读书是福建土楼客家人传家的理想目标

崇文重教是中原传统文化的遗存。客家祖先辗转迁徙，从中原千里迢迢来到闽粤赣地区，再到世界各地，筚路蓝缕，开基创业，客家人遍及世界各地。中原文化是汉民族的文化源头，有着极其丰富的内涵，汉民族文化的各个方面，都能在中原传统文化中找到根源或密切相关的内容。客家文化是在中原文化基础上演变的，客家人是保留中原文化最鲜明的民系之一。客家先人们眷恋故土，并教诫子孙"宁卖祖宗田，不卖祖宗言"，要"敦宗睦族""追远慎终"，把中原文化作为族群凝聚力的纽带。客家文化是中原文化的分支和延续，包含着中原根文化的痕迹。由于地处山乡，受外来冲击影响较小，能较多地保存中原文化的原生形态，所以，从文化渊源上看，它和中原文化有着千丝万缕的联系。

重视文化、读书为高、崇文重教的观念，必然成为福建土楼客家人与中原文明的传承纽带之一。福建土楼客家人主要是从两方面继承了中原崇文重教的传统：一是不忘中原传统文化。客家先民来自中原，多是世家贵胄，书香门第，有着较高的文化素养。对故地的文化犹存不忘，依然存在儒家的"万般皆下品，唯有读书高"，"书中自有黄金屋，书中自有颜如玉"等传统观念。客家地区父教子习、兄弟相长、崇文重教的风尚，与中原士族的文化传

---

[1] 胡大新主编《土楼祖训》，中央文献出版社（北京），2014，第13页。

[2] 胡大新主编《土楼祖训》，中央文献出版社（北京），2014，第5页。

统是一脉相承的。二是晴耕雨读的传统。拥有土地和考取功名是客家人亘古不变的两大理想。他们聚居在交通不便的偏僻山区，山多地少、人口众多。受到地理条件的制约，客家人向外发展受到极大的限制。在重农轻商、商品经济欠发达的农业社会中，客家人为了改变自身的命运，便把"耕读传家"作为博取功名、向外发展的一个出路。封建时期的科举制度对于农耕社会来说，为农家子弟跻身上层社会提供了机会。非耕即读，耕读传家，靠读书谋发展的观念使客家地区崇文重教的风气成为现实的可能。读书入仕途，是客家子弟梦寐以求的理想，也是整个客家社会不懈追求的目标。

福建土楼客家人把读书识字、教子成才当作家族兴旺的根本和理想目标。客家人在不断迁徙的过程中，已有浓厚的崇文重教意识。客家地区就有这样的民间谚语，"子不读书，不如养大猪""不识诗书，有目无珠""不识字，一条猪""嫁人要嫁读书郎，斯斯文文好风光"等。童谣也经常念道："唔读书，冇老婆。唔读书，大番薯。"可见，福建土楼客家人从小就受到教育的熏染，就是现在的客家地区，孩子入学开蒙时，父母仍要准备葱（聪明）、蒜（能算数）、蛋（流过去进步快）、爆米花（心窍开通）、糕（高升）等给孩子吃，希望他们能有出息。范氏家规如是说："家不论贫富，子女不论贤愚，首在读书；读书则能穷理，穷理格致，自可明修齐治平之道，非但不致为非作歹，且可为国家造就人才。"[1]饶氏教导子弟宜课："古者八岁入小学，至十五岁，各因材而归之四民。秀异者入大学而为士，教之德行。愚谓子弟之成败，关一家之盛衰。人之爱子，务宜延请有品有学之士，隆其礼意，使之当教以孝弟忠信。所读须六经论孟，明父子、君臣、夫妇、昆弟、朋友之节；次读史，明历代兴衰、治平措置之后。至科举之业，志在登科发甲，所谓求在外者，得之有命也。"[2]客家族规家训中几乎都强调崇文重读的内容，可见其重视和期望之高。福建土楼楹联里重读书育人才的内容更是随处可见："步其至善，高在读书"（高陂镇西陂村活泼堂）、"要好儿孙须积德，欲高门户务读

---

① 胡大新主编《土楼祖训》，中央文献出版社（北京），2014，第43页。
② 胡大新主编《土楼祖训》，中央文献出版社（北京），2014，第55页。

书"（湖雷针罗陂村永兴楼）、"几百年人家无非积善，第一等好事还是读书"
（峰市镇信美村云龙居），崇文气息跃然其中。

在重教的另一方面，"天地君亲师"观念深入客家人心中。有文化的人在
乡里就会受到尊敬。家训中也都有尊师的条目，如丘氏的家训里有"敬师长"
的内容："德无长师，主善为师，先生长者，德业兼资。随行隅坐，问难析疑，
勿生厌薄，勿敢荒嬉。耳提面命，敬而听之，程门高弟，立雪忘疲。尊师重
道，自古如斯。"①乡人"尊师"，如客家地区每年农历七月初七的"乞巧节"，
有民间私塾要放假一天，由学生凑钱买酒肉宴请老师的习俗。会餐时，师生
同乐，让老师喝得满脸通红。塾师大多数收入微薄，家境贫寒，但受世人尊
敬，遇公私宴席，必请为老师者坐上席。塾师以推广教化为己任，清苦淡泊
也为荣为乐，数十年或终生授徒为业者不计其数。

福建土楼客家人把子孙用功读书作为家族大事要事来抓，而且有许多重
要举措：

助学学田。大大小小的客家家族为了鼓励子弟读书，都会从族田里划出一
部分作为"学田"，所收田租或谷物为"学谷"，作为资助或奖励子弟读书之用。
客家祠堂除办学设校外，还出资帮助族内部分有培养前途但经济困难的子弟继
续深造，对有资格参加考试的子弟，还给予重点扶持，奖励族内学有所成的子
弟。"遗经楼"就设立了"烝尝田""儒资谷"等为办学提供经费，对优秀学生
给予奖谷（金）助学。在清代，有财力的宗祠皆礼聘师资在祠堂中设私塾，免
费教育族中子弟，称之为"义学"。在一些乡村，若出了秀才、举人、进士的
话，人们更会筹集钱粮用于资助和奖励子弟攻读。目前，客家地区的教育工作
仍得到了许多港澳台客家乡亲和海外客家华侨教育基金的资助。

办学堂。客家人为使族中子弟受到较高的教育，兴建了许多由乡族集资
创办的书院或学堂。据资料记述，在明清时代，永定续建、新建的书院共有
38 所。在许多旧志书记中，还记载着不少地方官员兴学育才，甚至捐出自己
的薪俸修学校、置学田，奖励学业优秀的生员，资助生活贫困的生员等具体

① 胡大新主编《土楼祖训》，中央文献出版社（北京），2014，第 9 页。

事例。古代客家地区，还有个人办学之举，且渊源久远。清代中叶（18 世纪），办校兴学进入鼎盛时期，出现较大型福建土楼办私塾、人烟较稠密的村庄建学堂的现象。一些上档次、上规模的学堂也应运而生：有的在楼外择地建校，如湖坑镇南江村的经训堂，高 2 层，深 3 进，砖木结构，典雅美观，至今仍完好无损；有的建在主楼内，如高头乡高北村的承启楼等，在楼内辟一两个较宽敞的厅堂或居室作校舍；有的建在主楼一侧，如湖坑镇洪坑村的奎聚楼、高陂镇上洋村的遗经楼等。根据文献记载，从明成化十四年（1478）建县至 1912 年，永定客家人兴办的各类学校的数量和科举制度废除前考取功名的人数，一直稳居当时闽西八县之首。① 如永定湖坑镇洪坑村的"日知学堂"，由洪坑经营条丝烟刀致富的林仁山捐资建成，是一座有别于传统书院的近代学堂。原名"林氏蒙学堂"，是在清末推行"新政"，1905 年废除科举前夕所建，是由私塾过渡到现代小学的教育场所，1906 年正式更名为"日新学堂"。其门联是："为学志在新民，训蒙心存爱国。"与《礼记·大学》的"大学之道，在明明德，在亲民，在止于至善"如出一辙。日新学堂创办以后，为当地和邻近乡村培养了大批近现代知名人才。还有中川村，仅一个村就曾经有 8 所学堂，其中最出名的是花学堂，著名侨领胡文虎在此读过书。

华侨捐资建校。客家人重教还表现在，出外乡贤发达后都愿意回乡捐资办学。在永定"侨"字开头的学校特别多，有"侨育""侨光""侨钦""侨源""侨荣"等多所。以胡文虎为首的侨商出资出力支持家乡教育事业，为家乡培育人才做出了很大贡献。

人才辈出。福建土楼客家人才济济，家族合力培育子弟成果显著，以宗祠或家庙前所立的旗杆为标志。就举中川一例：胡氏家庙的门坪前竖有 36 个光宗耀祖的功名碑（其中 21 个木碑已枯毁，还有 15 个石碑），显得规模宏伟，气势轩昂，古朴典雅。它们是取得贡生以上功名者所立，是中川村"文武世家"的象征。"明清两代，中川村有进士 5 人，举人 30 人，贡生 123 人，秀才 288 人，监生 564 人，文武仕官 108 人，其中有山西按察使胡应卿、山

---

① 永定县地方志编纂委员会编《永定客家土楼志》，方志出版社（北京），2009，第 147 页。

东按察使胡士鳌、云南按察使胡文、山东布政使胡明佐、翰林院编修胡峻、翰林院侍诏胡贯传、解元胡萃仁、荣禄大夫胡子春等。此外，中川村还有第六届广州农民运动讲习所学员胡永东，曾任新加坡财政、卫生部长的胡赐道，抗日空军战士胡杨皆等，还诞生过'三位县长''两位黄埔军校毕业生''一复旦二清华三北大'名牌大学生，记者、诗人、画家、作家、音乐家、语言学家、工程师、教授等一百多位，素有'文武世家'之誉。"[①]

永定还有"独中青坑"一说，指的是永定坎市镇山青坑（今清溪村），七代人出了七个举人五个翰林，"三代五翰林"，也是土楼客家人崇文重教人才辈出的代表之例了。

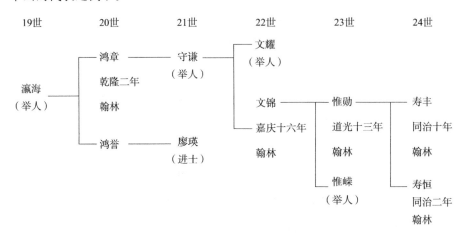

图 2-1　青坑廖氏五翰林世系图

第二节　街市与墟日

1. 福建土楼客家市场的雏形——街市

街市的发展和经济是否发达是分不开的。永定建县晚（建于明成化十四年），因此街市相对发展较慢。"明制，城中曰坊，近城曰厢，在野曰乡、都，就乡都而划为里图。旧志云：'明以一百一十户为里，推十户为里长。余百户为甲，总为一图。本邑十九图，即十九里。又统称五里者，犹五乡、五都云

———————————
① 中川古村落的资料由永定下洋侨育中学胡赛标老师提供。

尔。故今编审解册，尚称本县五都云。'"① 民国时期永定县城"邑治街市，东西径直为一，南北屈折为二"②，建县后第十一年才开始筹划筑城。先是明弘治二年（1489）由太学生赖高奏请筑城，因当年饥荒没有实现；明弘治五年（1492）知府吴文度再具禀巡按吴一贯，"奏行，凡县无城者悉令筑之"，但知县陈悦"具申未报"，又没有实现。及至"巡按陆完暨藩臬按郡，知府吴文度仍力陈利害"，永定"筑城之议始决"，才由参议王琳、佥事王寅先后到永定"相度地势"，并正式于明弘治七年（1494）动工。所筑城墙"半挂山巅，半垂平麓，周围七百七十六丈六尺，基以石板，甃以陶砖，址广二丈有奇，面广三之二，南临田，高二丈九尺有奇。北倚山，杀于南十之一。内外马道广一丈五尺，壕二丈余深。为门者四：东曰太平，西曰迎恩，南曰兴化，北曰得胜。各建敌楼于其上。东、西、南三门内，左右各有盘诘所一间，周城窝铺一十有六所"。这就是明建永定县城的规模。

转运贸易的发展，促进了新兴市镇的崛起，其中永定摺滩街、峰市最具有代表性。

永定摺滩街处于永定仙师，在峰市转运贸易兴起前是汀江下游最繁盛的河埠，因汀江险滩而得名，也称"摺市"，以转运兴盛。汀州、上杭、连城各地的货物由木船运到摺滩街起岸，再由人力肩挑陆运 10 里至仙师宫，然后分两路运往漳州或者潮汕，一路利用永定河船运到凤城，再到湖雷坎市，再往南靖而至漳州，运回货物也走此线路；另一路，从仙师芦下坝用人力运到广东虎市，下船顺韩江到潮汕。如此，摺滩街就成了汀江流域与闽粤沿海地区货物交流的中转码头。经营转运业务的"过载行"因此兴盛起来。据考，盛时全长 220 米的摺滩上下两街，街道宽 6 米，两旁店铺有 80 多间，著名商号有"茂记店""万兴隆"等，经营油、米、烟、豆、盐、布匹、百货等货物，甚是繁华。

---

① ［清］方履篯修，巫宜福撰，福建地方志编纂委员会整理《永定县志》（清道光），厦门大学出版社（厦门），2015，第 142 页。

② 徐元龙主修，福建地方志编纂委员会整理《永定县志》（民国），厦门大学出版社（厦门），2015，第 45 页。

　　峰市是汀江下游重镇，位于闽粤边陲。多少年来，这里流传着一首家喻户晓的民谣："双峰秀丽欲耸天，一排街店半山悬。货船渡船如梭织，棉花险滩把船拦。"峰市在明万历四年以前属上杭县，一字形的整齐街道，依山建筑，俯瞰汀江。"双江""拐子"两渡口直通永定、龙岩、上杭。由于特殊的地理条件，加上其他因素，峰市的转运贸易日益发达。清初厦门开港后，峰市的发展更为迅速，成为厦门、潮汕进出口商品的转运枢纽。

　　峰市商业发展的黄金时代是在抗战时期。由于潮州和汕头相继沦陷，韩江下游的中国银行、农民银行、交通银行、广东银行迁至峰市，加上原福建省银行，峰市共有五家银行。湘赣、广东、潮安等大会馆及上杭、长汀、连城等小会馆都设于此。潮汕的巨贾以及与峰市设有联号的商行也纷纷迁往此地。一时间峰市变成赣南、闽西、粤东的金融中心，又是大宗货物的总集散地。另一方面，沦陷区的难民及国统区的灾民也涌至峰市谋生。于是峰市的商业出现空前的繁荣，可谓是非常时期的"鼎盛"。这时峰市居民达一万余人（等于现在峰市全乡人口总和），不仅屋无空室，连凉亭、庙宇也住满了人。由于地盘狭小，居民住房只好向高山发展。所以上、下坑的民房直筑至半山之上。入夜后，双峰山上、山下，万家灯火，商店突增至四百余间，大半是过驳商行，三角坪戏台鼓乐不辍，赌场、歌楼、酒馆往往喧嚣达旦。对岸的"石壁庵"，香火转旺，祈拜者络绎不绝。靠货物中转发家的百万富翁骈集于此。当时拥资最雄厚的商号有烟庄张茂元、广昌泰、天生德、德隆镜、恒心昌，布庄有张德美，纸行有德生隆、黄义源、崇礼，米豆行有黄振兴，美孚石油公司代理有张联昌，木材行有三益等。恒心昌除经营永定条丝烟外，还从外地购进一些烤烟与条丝烟配合，卷成50支装的"仙女牌"罐头香烟，所以当局曾将汀（长汀）龙（龙岩）烟酒总局设立在峰市。上述各家商号，有的甚至在全国各大城市都有联号，如张茂元在我国的广州、香港和国外的印度尼西亚还有烟店。水运经峰市的木材也是大宗出口货物。闽西各县出产的木材，扎成排筏，水运至此。然后又化整为零，放流过棉花滩，再至石市，后又重扎排筏，运往潮汕以至出海。据当年的木材行统计，峰市每天出口的木材，都在百立方米以上，放排工人也有三四百人。

峰市特产陶器"副榜炉",名闻海内外,工艺精湛,式样雅巧,适烹茶酒,还可在炉壁上擦燃火柴。民国时期,"副榜炉"在全省的手工工艺展览会上曾得过特等奖。闽粤"水客"来到峰市多要选购此炉,然后运往南洋,赠送给华侨。而海外游子也把它作为珍品,摆设在"沙龙"客厅,睹物思乡,别有情趣。

峰市,原是"永定条丝烟之路"的起点。沿着这条峰石山路远眺汀江、韩江,处处是种植烤烟的碧绿梯田。据考,当年由于"仙女牌"卷烟的投产,才开始引进贵定烤烟,并在永定种植成功,质量跃居全国之首,而永定一举成为全国的"烟魁"。现在永定烤烟又沿着当年的"条丝烟"之路,向外扩大种植范围,已至韩江、梅江(梅县)及汀江中上游。[①]

2. 福建土楼客家市场的载体——墟日

墟的主要功能在于调节。由数个自然村落,一般是以乡镇为主要区域,在这一区域内形成。各农户间互通有无,维护小农经济的正常运作,是商品经济的初级市场。

清代,墟市已散布汀州各县,从县城到乡村,形成了一个庞大的商品交易网,民国时期永定已有 22 处。

各有定期,沿用夏历,兹汇总于下:

在城墟　　四、九期。

大院墟　　一、六期,现迁至仙师对面。

仙师宫　　有商店五六十间,贸易称盛,夏秋之间,烟商麇集。

芦下坝　　有商店四五十间,为闽粤交通要道。龙岩、永定进出口货所必经,船户挑夫皆在此起卸货物。

金砂(原文为"沙")墟　　三、八期。

峰市墟　　三、八期。

洪山寺墟　　五、十期。以上属溪南。

---

① 王树滋:《闽粤福建史志》,1989。

湖雷墟　　五、十期。

堂堡墟　　四、九期。

溪口墟　　二、八期。原在上街，二、八期。今又于下街，后新建。

马山堡墟　一、六期。以上属下丰田。

抚市墟　　一、六期。改名永和街，原在抚溪岭下，今设于新老街公路旁。

康公庵墟　民国初新建店面。以上属中丰田。

龙潭墟　　二、七期。

仙溪墟　　一、六期，在田地。

东溪墟　　民国初建店屋二十余间，墟期已停。

西坪墟　　民国十九年建店面二十余间，以二、七为期，现亦停止。以上属上丰田。

下溪墟　　二、七期。

汤湖墟　　十日期。

丰稔寺墟　二、七期。以上属胜运。

苦竹墟　　二、七期。

高头墟　　三、八期。

奥杳墟　　五、十期。

南溪墟　　五、十期。

湖坑墟　　一、六期。

泰溪墟　　四、九期。

下洋墟　　三、八期。

东洋墟　　五、十期。

陈东坑墟　四、九期。

岐岭墟　　五、十期。

新村墟　　一、六期。以上属金丰。

坎市墟　　三、七期。本在罗沙墩，后移设大街之首端。旋仍原址。

白土墟　　三、七期。民国七年新建，在登瀛文馆之前，店屋二十余间。

大排墟　　四、八期。

上林墟　　在孔夫，系合文溪、长流、孔夫三乡增建者。四、八期。又名三和墟。

上村墟　　在洪源上村天后宫，又名马坑墟，民国时期增建，五、九期。

大隔墟　　四、九期。

虎冈墟　　一、五期。

灌洋墟　　五日期。

永丰墟　　二、六期。以上属太平。[①]

永定墟市已形成。"纵贯永定南北的永定河孕育了主航道上的大码头，坎市、湖雷、县城、仙师，它们均成为永定县的著名墟市。明嘉靖年间修通的上杭—永定—湖雷—抚溪（抚市）—龙潭—漳州驿道，同样造就了抚溪、龙潭两个大驿站，成为重要城市。而兼有水陆交通便利，又具备人口数量、市场、货源条件的湖雷则成了永定县的'墟王'，全县五分之二地区的土特产和入境海产品、工业品的集散地，全县的一个商业中心。龙潭墟市的特色是牛行、猪仔行、米市交易量大。"[②]

墟，是客家乡镇的集市，墟日则是乡民们赶集的日子。之所以会有墟日，是因为以前客家地区多属落后的山区，交通不便，商品经济也不发达，这些地方的市场往往不大，平常货物不多，人流量也少。如果人们天天都去墟（赶集），一来货物不够多，二来四乡八里的村民们也没那么多时间。因此，每个集市就会约定一个固定交易的日子，将其定为墟日。墟日到了，农户把自己生产的粮食、日用品挑到乡镇所在地去进行交易，小商小贩更闻风而动，

---

① 徐元龙主修，福建地方志编纂委员会整理《永定县志》（民国），厦门大学出版社（厦门），2015，第 115 页。

② 蔡立雄主编《闽西商史》，厦门大学出版社（厦门），2014，第 20 页。

把城里的商品运到墟场高声叫卖，需要购物的村民们早已把袋里的钱捏湿了，憋足了劲儿往墟场赶，这是叫"赴墟"。买卖双方完成了交易，带着胜利果实回家离开墟场，叫"散墟"。墟日的第二天叫"墟背日"，是最没有生意做的日子，一般墟里的商贩都在这个时候进城采购或补货，为下一墟的好生意做准备。各乡镇的墟日有不同的日子，一般是分为"一四七"墟、"二五八"墟、"三六九"墟。两个相邻的镇，它们的墟日总是相隔一天而不会重复，这样就能让买卖双方都有较多的交易机会。各墟按其历史习惯形成了不同的特色。"墟日"的商品交易一般按商品的内容分类，如有经营粮食的"米行"，牲畜类的"鸡哩行""猪哩行"，服装类的"布行"等。一般墟日最热闹的要数"另类"的小商贩，如卖老鼠药、卖蛇药、卖跌打药的，还有"算命"的。

永定各乡镇的墟日有不同的日子，如"四七"墟、"三九"墟，一个月有六回。湖雷镇的墟日，便是逢五逢十，若遇到农历月底没有三十，则提前至廿九。农历十九，这墟日的前一天叫"墟上日"。夜里，不少生意人就在墟上占好了位置，一块帆布、一只笼子或一把椅子，提前摆在自己心仪的地点，以求第二天生意顺利。店铺的商贩们也开始忙碌起来，据说店家推门时若碰落了天上的星星，必定日进斗金，所以伙计们一大早就打开迎财的大门。绝大部分的"业余"商家，此时也都已整装待发，或挑或提，或步行或搭车，匆匆赶路。这边，手提竹笋、香菇、鲜蛋等土特产的农户走得轻快；那边，肩挑火笼、畚箕的人儿却早已大汗淋漓。到底谁的生意好，得到散墟后才能见分晓。"集合"完毕，那横纵的一条街，两边商铺被堵得严严实实，街道中间，多出了一排小摊。赴墟的人也来了，他们大多是农民。比起商贩，他们的装备也不简单，戴上斗笠，手拎鸡笼，腰上系着绳子和麻袋，荷包里还备足了零钱。老乡们仔细挑选和采购日用品、农药、种子、鸭苗、仔猪等，买卖中还伴着手舞足蹈的讨价还价。跟着大人赴墟的孩子这下可解馋了，在小摊上吃着小点，还不忘揣上一包糖或果子回家。一时间，墟上人头攒动，吆喝声、讨价还价声，夹杂着鸡鸣狗吠，还有农民憨厚的笑脸、亲切的客家乡音，众生百态汇成一曲最最朴实的大合奏。

永定还形成了专门的街市，说明经济发展引起商品流通量增多，市场细分相对较明显。比如永定湖雷，龙潭墟市的牛、米市交易量大，龙潭墟市猪仔行一墟可售出 250—300 只猪仔。永定峰市也出现以木材为主的专业市场"木纲"等。

第三节　挑夫与篾匠

1. 福建土楼客家的运输——人力"挑夫"

挑夫指以挑运货物谋生的人。在旧社会里为雇主专门搬运货物的人，一般都是用扁担挑货物，所以称之为挑夫。一般都是临时雇用的，雇主会支付一定的报酬。现在也有挑夫，他们一般集中在山区旅游景点，专门为游客或山上的店铺挑运货物，因为山区道路难行，用现代化的交通工具搬运货物比较困难，所以只能用人力来搬运。

这里想说的是永定客家人的一个老行当——挑夫，客家人也叫"挑担的人"。长期以来，客家山区的货运主要依赖木船、竹排和人力肩挑。因此，在永定传统商道上，在汀江沿岸的码头上，在前往江西、广东途中，人们都能看到身穿破旧衣物、脚蹬草鞋、手提绑绳、肩扛扁担，帮人装卸和搬运行李物品，以此养家糊口的男女，他们被称为挑夫，或叫挑脚、挑脚夫。

清末至民国时期，永定很多农家劳力兼营挑脚。有一小部分是专门帮人家挑担的专业挑夫，大部分则自己从事小额米盐贸易或油盐贸易。在兼业的过程中，有些农民把挑脚变成谋生的主业。

挑夫是卖苦力的人，是处于社会底层的人，收入很低。挑夫的特征是赤膊、黑皮、补丁衣。本来挑夫应该是以年轻体壮的男人为主的，但由于客家青壮年的男人大都外出谋生了，家里没有其他的劳力，妇女只得来做挑夫，好补贴家用，要不就没法过活。再加上客家妇女历来都没有"缠脚"的习俗，她们的脚力不亚于男子。因此，挑脚行中，时有女性挑夫杂于其中。闽粤赣边的食盐曾一度依赖沿海供给，千百万斤食盐大部分依靠闽粤赣的边区妇女人力运输。这样一来，在永定山区也活跃着一支妇女挑担大军。民国时期的《永定县志》是这么描绘妇女的："邑之妇女向无缠足敷（原文为'傅'）粉之习。近则少年妇女皆已剪发，凡井臼烹饪、樵苏牧畜、耕种肩挑、浣洗缝纫等事，皆躬自任之，虽士绅之家亦然。亦无蓄婢雇媪者，习劳耐苦胜于丈夫。际耕耘收获之时，成群往田中，通力合作，有相友相助之风。不幸而遇人不淑或早失所天，仍食贫力苦，以资事畜焉。"[①] 如在湖雷，每天经过湖雷的挑夫，成群结队，络绎不绝，其中不少是妇女，每天总有二三十人，多时近百人。大都穿着黑衣，戴着黑帷子竹笠，本地人称她们是"乌鸦嫲"。

客家地区过去被称为"鸟道蚕丛，几不容趾"之地，仅有的几条通向区外的山道也是"依山多崩，临溪多载"，交通不便，信息闭塞，人力成了最重要的运输工具。传统商道上的挑夫总数，向来没有确切的数据，也难以统计。"峰市以下，两山紧束，水急滩粗，舟不能通。而棉花滩尤险，此为闽粤天然之界限，西岸行店数百家，设有税务局，百货至此必起岸入行，转雇肩挑，过山十里至广东石上，改舟经大埔、潮汕而出海。"[②] 记载说"峰市七个木船靠岸码头，每天停泊近百只船，码头工人近四百人，峰市到大埔挑夫近三千人"，"永定溪之船由抚市、坎市，行经青坑、湖雷、永定，沿途运货至芦下坝起卸，转运至埔北虎市，改舟经大埔、潮汕而出海。船户向有二百余，近20年来，抚市出口烟丝改用邮运，由湖市至抚市之货改用肩挑，船户已减少。所载重量，春可二千斤，冬可一千五百斤；上驶，春可一千五百斤，冬可千斤"[③]。民国时期的《永定县志》对交通状况的描述中，运输过程都离不开肩挑，可见挑夫在运输中的重要性。

挑夫得到报酬的方式主要有两种：一是在搬运行李物品时，赢得客人的欢心，建立了友好关系，得到客人的赏钱，一旦客人有需要时，能被再次叫去服务；二是在装卸和搬运行李物品前，讨价还价，达成大家都能接受的价格。

---

① 徐元龙主修，福建地方志编纂委员会整理《永定县志》(民国)，厦门大学出版社(厦门)，2015，第377页。

② 徐元龙主修，福建地方志编纂委员会整理《永定县志》(民国)，厦门大学出版社(厦门)，2015，第489页。

③ 徐元龙主修，福建地方志编纂委员会整理《永定县志》(民国)，厦门大学出版社(厦门)，2015，第489页。

1949年10月后，经过公私合营，永定各地成立了搬运公司，挑夫成了搬运公司的工人。改革开放后，不少来自贫困山区的农民，由于没有一技之长，进城打工成了新的"挑夫"。

2. 福建土楼客家老手艺之一"篾匠"

福建土楼山乡的客家人除了认认真真耕田外，也有些从事手工制作的经营用以贴补家用，比如造纸、烤烟、酿酒、打铁、竹编、磨豆腐、染布等，这里选取做竹编的篾匠作一介绍。

永定客家山村盛产竹，房前屋后、小溪、河边随处可见竹林。旧时，客家百姓的日常用具多以竹子加工而成，如客家话说的"笠嫲""竹笭""粪箕"等都是竹子编织而成的，编竹制品在客家话里叫"做篾"，编竹制品的师傅就叫作篾匠。竹制品因为美观大方，牢固结实，经久耐用，不易腐朽，且取材容易，所以深受广大农民欢迎。客家农户的劳动和生活几乎都要用到竹器。角笭（笭筐）、畚箕是不可少的农具；谷笪是必备的，每家每户都有几十条，晒米谷豆子用得着；筛米要用米筛、糠筛；捞饭、薯必备笊篱；蒸肉丸必用料笪。此外还有簸箕、扒篮、蒸盖、蒸箅、菜篮、菜罩、竹椅、竹凳、凉席……这些竹制品能用若干年，破了的要修补，无法再用的才重新添置。每当农忙前，篾匠们编织新笭筐、修补旧笭筐，忙得不可开交。

篾匠使用的工具十分简单，有锯子、篾刀、篾夹等。虽然只有简单的几样工具，但是不容小瞧：锯子主要是用来锯竹子使其截面平整；篾刀主要用来剖竹子；而篾夹的作用有些特别，它像两把小刀夹在一起，中间留有可调节的缝隙，竹篾从中穿过形成大小相同的篾条，一般做较精细的笭筐、米筛时才用得上。完成一个竹器，要经过选料、剖篾、刮青、编织、上格、织藤、定型等多道工序。

篾匠选竹子是很有讲究的，做扁担要选用粗大的刺竹才好受力，别的竹器都选节间60厘米以上的单竹，这样削出来的竹篾才够长，便于编织。篾匠都会选择在夏至到立冬这段时间来编织篾器，因为竹子一般过了夏至才不会长虫子，夏至以前的竹子较嫩容易长虫子，编出的制品用不了多久。而篾匠们最苦恼的日子则是多雨和潮湿的梅雨季节，因为剖好的篾若不经过太阳晒是很容易发霉的。篾匠在砍下竹子后一般会立即剖开竹子削成竹篾，因为竹子放久了会较硬，难削出篾来。

选好竹子后，接下来就等篾匠做活了。篾匠手艺最重要的基本功就是劈篾。把一根完整的竹子弄成各种各样的篾，首先要把竹子劈开，一筒青竹，对剖再对剖，剖成竹片，再将竹皮竹心剖析开，分成青竹片和黄竹片。剖出来的篾片，要粗细均匀，青白分明。青篾丝柔韧且极富弹性，适合编织细密精致的篾器，加工成各类极具美感的篾制工艺品。黄篾柔韧性差，难以剖成很细的篾丝，故多用来编制大型的竹篾用品。剖竹子是第一道工序，数米长的竹，一头固定好，篾匠用锋利的篾刀从另一头剖开一道口子。刀会顺势而下，遇节时用刀一掰，"啪"的一声脆响，裂开了近米长。熟手的篾匠，不用一会儿工夫，几根竹子就全剖开了。接着，篾匠用篾刀，根据编织要求把竹子劈成大小不一的篾片，再削成篾条。然后，将篾刀固定在长凳上，拇指按住刀口，篾条从篾刀与拇指间拉过，卷起一层篾丝。一根篾条，起码要这样来回拉好几次。这看似简单的动作，全凭篾匠手指的感觉与把控，篾条太厚了较难织，太薄了则不牢固。当然，篾条除了分大小外，还分篾青和篾黄。最外面一层带竹子表皮的叫篾青，不带表皮偏黄色的叫篾黄。篾黄远不如篾青结实，竹器的受力部分和经常下水的用具，如篮子、筛子等通常都用篾青编织。篾黄则用来编织较粗糙的竹篾制品，如箩筐的底部等。

篾条削好后，篾匠把篾条纵横交织，一来一往，编成硕大的竹垫，编成圆圆的米筛，编成尖尖的斗笠，编成弯弯的粪箕，编成鼓鼓的箩筐……如今，客家农村里虽说能常见到竹编的箩筐、篮子、筛子、斗笠等，但塑料制品、金属制品的冲击让竹制品的市场小了不少，而从事传统竹编手艺的人更是已不多。但是我们相信手工制作的灵气是机器无法代替的，纵然时光流逝，传统的竹制品在市场上依然有自己一席之地。篾匠在我们的视野中已经慢慢地消失，但竹编却是一项值得记录、传承与创新的技艺。

第四节　烟农与烟刀

1. 福建土楼客家最兴盛的产业农民——"烟农"

永定烟草种植何时开始,说法不一。有认为:"明时由吕宋传入中国。"① 也有认为:"汀州府原来是偏僻山区,农民只知道耕耘稼穑,从无种烟网利之徒。自康熙三十四、三十五年间,漳民流寓于汀州,遂以种烟为业,因之所获之利息,数倍于稼穑,汀民亦皆效尤。逐年以来八邑之膏腴田土,种烟者十居三四。"② 不管是明万历年间传入也好,或是康熙年间引进也好,由于永定水土适宜种烟,种出来的烟叶质量又好,所以发展极为迅速。"烟草为永定主要特产,过去栽培域区普及全县,尤以湖雷、抚市等地为最多,制成条丝烟运销省外湖南等处,颇见盛名,全县经济以此为中心。……烟草之栽培,均与水稻轮作,隔年种植。"③《龙岩县志》称:龙岩"烟夙昔驰名长江南北,所在有岩人烟铺,今其利为永邑人所夺"④。道光十年《永定县志》称:"膏田种烟……烟产独佳,永民多借此以致厚实焉。"又说:"烟(校注:现通称'烟'。下同)即淡巴菰,细切(原文为'功',误)为丝者始于闽,故福烟独著于天下,烟名皮丝,又永产为道地,其味清香和平。本省他处及各省虽有,其产制成丝,色味皆不能及。国朝充饷后,永地种烟愈多,制造亦愈精洁。盖永地山多田少,种烟之利数倍于禾稻,惟此土产货于他省,财用资焉。是亦天厚其产以养人也。"⑤ 乾隆时期"永以膏田种烟者多,近奉文严禁,即种于旱地高原,亦

① 徐元龙主修,福建地方志编纂委员会整理《永定县志》(民国),厦门大学出版社(厦门),2015,第 474 页。

② 徐元龙主修,福建地方志编纂委员会整理《永定县志》(民国),厦门大学出版社(厦门),2015,第 377 页。

③ 徐元龙主修,福建地方志编纂委员会整理《永定县志》(民国),厦门大学出版社(厦门),2015,第 489 页。

④ 徐元龙主修,福建地方志编纂委员会整理《永定县志》(民国),厦门大学出版社(厦门),2015,第 489 页。

⑤ [清] 方履篯修,巫宜福撰,福建地方志编纂委员会整理《永定县志》(清道光),厦门大学出版社(厦门),2015,第 226 页。

损肥田之粪十之五六。但货于江西、广东，多带米、布、棉、苎之类回邑给用，是两利也"①。乾隆中期以后，永定人通过种烟、制烟、经营条丝烟、打制烟刀、经营烟刀石而致富，这些人发财致富后，更多的财富是投于买田做屋，安家立业，满足物质生活需要。正由于有这样雄厚的经济基础，永定福建土楼的建设才有可能如雨后春笋般，在各个自然村迅速崛起。

自清代中叶至民国初期近 200 年间，永定条丝烟风靡全国甚至海外，给永定人带来走南闯北、大开眼界的机缘，更带来滚滚财源，造就了许许多多大大小小的富翁，由此还带动各行各业的发展。民众的经济收入增加、生活水平普遍提高后，客家人对居所的要求格外迫切。正是在这样的政治、经济和文化背景下，福建土楼的建造进入鼎盛时期。烟草种植业和制烟业的持续发展，以及烟行（店、铺）长期的繁荣、兴盛，对永定福建土楼建设具有长久影响。"从明代至清代及至民国，外出经营条丝烟业者很多，操纵长江中下游的金融，竟达三四百年之久。这样一大部分经营者（包括本地烟刀商、烟刀石生产者）大发其财，买官衔、进大学、置田地，有钱有势。不摆派头阔气，兴建富丽堂皇的楼房，这样就形成了我县建筑的全盛时期，一直延至清末民初。"②

永定种植晒烟的农户自然是最多了，加工制作条丝烟的农户也很多，烟草种植成为仅次于水稻种植的主业之一。在经济利益驱动下，烟草种植已成为当地重要的经济来源。端午节正是当地烟叶收获的季节，大量成熟烟叶需要赶在天好时采摘、晾晒，但这时南方又是一个多雨季节，晾晒的烟叶怕被雨淋。烟叶遭雨淋湿既影响质量，又影响外观，更重要的是影响经济收入。因此必须赶在下雨之前，动员全家老少齐上阵，及时抢收，并且为了适应农事需要，还把端午家宴时间由中午改到晚上。由此还产生了一个民间传说：当地有些地方端午节家宴为什么不是在中午举行，而是改在晚间进行呢？其

---

① [清]伍玮、王见川修撰，福建地方志编纂委员会整理《永定县志》（清乾隆），厦门大学出版社（厦门），2015，第 104 页。
② 永定县地方志编纂委员会编《永定客家土楼志》，方志出版社（北京），2009，第39 页。

原因是某年端午正要家宴时，忽然下起雨来，全家人立刻紧急动员，奔赴晒烟场上收烟笪。待到烟笪收齐，回家一看，桌上摆着的好些佳肴竟被猫狗糟蹋得"杯盘狼藉了"，一气之下，某太公规定，自此之后，子孙过端午节，改在晚上吃节日饭。①

清中后期，湖雷罗陂村也是生产条丝烟的大村庄，不足 500 人的村子，竟有 30 多家烟棚。全村老幼都撕烟叶，刨烟师傅、打烟叶工人有 200 余人。这些师傅、工人大多来自邻近的莲塘、藩坑等村，也有的来自堂堡、抚市等地。生产的条丝烟远销湖广、江浙、南洋等地，不少人在湖南长沙、攸县、醴陵，湖北汉口、武昌，云南昆明，江苏南京、扬州和上海等地办烟庄、开烟店。该村在清中期曾因经营盐、油、烟、土纸等发财，而且富极一时，当时人称该村为"银缸子"。以一家五口计算，该村只有百户人家，平均每三户就拥有一个烟棚，又有卖油和出产土纸之利，怪不得在当时成为极富之村。钱多了，楼也建得富丽堂皇。

高头条丝烟业的起步，比起抚市和湖雷两乡要迟一点，但一经发轫，便迅速发展。自清代咸丰元年（1851）起，至 20 世纪 30 年代，是高头条丝烟业从兴起到鼎盛的时期。其间，这个不到 4000 人口的村庄，居然同时办起大小近百家的烟厂。有些规模大的，雇用四五十个工人；规模小的，不雇工，由父子或兄弟几个人合作进行生产。

高头开办最早、规模最大的烟厂要数高北村的万顺仁烟厂，厂主江开仁是个屠户，颇有商业头脑，杀了多年的猪，手头也积存了些钱。他觉得办个厂所需资金，并不比打屠多多少，但利润却高出十倍八倍。眼看当时高头种植出来的晒烟，大批被邻乡烟厂收购，自己身处产地都不知道利用，何等可惜！再说，眼下家里劳力众多，大都找不到出路，若不另谋生计，日久难免饥寒。于是他下定决心，把兄弟子侄组织起来，于清咸丰初年办起高头的第一家烟厂。几年之间，家人齐心协力，克勤克俭，果然财运亨通，获得巨额

---

① 黄慕农、黄刚：《清朝与民国时期抚市条丝烟的制作和经济效益》，载永定县政协文史资料委员会编《永定文史资料》第二十辑，2001。

利润。江开仁胆子越发壮了，随即扩大烟厂规模，不但陆续从抚市乡雇来了三四十个制烟技术工人，还为了畅通产品的销售渠道，不远千里到苏州开设了一家条丝烟店。自此，"万顺仁"财源广进，家声大振，他也从一个普通的屠户一跃而为富甲一方的烟商，着实风光了几十年。

"万顺仁"之后，开办的烟厂是高东村的"万有谦"烟厂。它是由"万利"（老板为江颂三、江华昌兄弟）、"有源"（老板为江大有、江大金、江大晋兄弟）、"谦益"（老板为江大田）三家京果食杂店联合创办的。由于资金雄厚，初时三家老板通力合作，还在漳州、上海等地自设烟店推销产品，因此，发展势头迅猛。"万顺仁""万有谦"发财之后，高头条丝烟的制造有如雨后春笋般，大家都纷纷挂牌办厂，形成一股热潮，蔚为壮观。据统计，当时高头大小烟厂有90余家，其中较有名气的如高东村的公义昌（老板为江建岩、江国柱、江初传）、广隆昌（老板为江树锦、红树声、江树棠）、太华（老板为江慨民）、新华（老板为江赐章）、新华权记（老板为江权三）、有源（老板为江汝舟、江汝者）、永天香（老板为江万芬、江益添），高北村的万有田（老板为江寿礼）、丰泰景（老板为江景星）、万裕晋（老板为江顺可）、福茂仁（老板为江宣炎等五兄弟）、泰裕祥（老板为江祥海）、太和香（老板为江祥彩），高南村的万信得（老板为江桂宗）、金兰业（老板为江契生）等。

高头烟厂生产出来的条丝烟，除部分在当地销售外，大部分产品外销。外销渠道有两条：一是经广东大埔的三河，利用汀江船运溯江而上转入江西乃至湖南、湖北各地；一是经漳州到厦门，利用海运直抵上海、江苏一带以及南洋各地。后者是主渠道。为了销售顺畅，当年高头各主要烟厂纷纷在省内外繁华都市开设经营条丝烟的商店，如万顺仁在江苏常熟的永隆烟店，万有谦在上海的大昌烟店，万利在上海的万昌烟店，广隆昌在江苏常熟烟店，福茂仁在厦门的得昌隆烟店，万有田、丰泰锦在漳州、厦门的泰裕祥烟店，以及米昌、永昌组成的连昌烟行。据统计，当时高头由于种植烟草和制造条丝烟而带来的收入，每年可达20万—30万银圆。若按一户五口人计算，这4000人的村庄只有800户而已，烟业年收入按平均25万银圆计算，每户每年平均烟业收入可达300银圆。在当时来说，这是一笔很可观的收入，也是他们建造福建土楼的雄厚经济基础。

永定人不单在家乡有不计其数的烟棚，在外地开设的条丝烟店（庄、行、号、厂）也遍及大江南北 40 多个大中城市，达数百家之多，其中实力较雄厚、影响较大的主要有：

上海的永隆昌、生成德、广兴茂、广昌泰、公和祥、林三和、怡和成、溢丰源、裕隆号、苏和泰、苏泰昌、广溢庄、广隆昌、永成泰、苏德康、林大森、江大昌、万昌行、万有谦、松万茂、义和祥、义生源、裕和烟庄等 20 多家；

长沙的赖万源、怡茂钞源、永隆昌、广昌泰、广溢庄、永盛典、及万祥、怡永龙、新中、大同、协大行、复新、美玉、裕庆常、永生号、怡和龙、美孚、复兴桥、万春全等 18 家；

广州的万安、万德、志隆、德隆、公腾、福永清、广益庄、张公兴、万福隆、阙永清、永隆昌、裕生和、裕昌轩、南国、茂源等 15 家；

南京的万春全、福星景、苏厚昌、龙兴贵、日兴隆、义和信、苏永隆、怡隆信、恒茂鸿、苏德康、戴福康、恒盛等 12 家；

漳州的瑞丰昌、泰裕祥、裕生和、裕昌轩、永成泰、永昌、振南、美芳、新兴等 9 家；

厦门的胜美育、泰裕祥、德昌隆、永成泰、溢泰、长春、连昌等 7 家；

湘潭的黄长茂、景星照、德隆建、如兰桥、赖德隆、赖仁和、德隆镜等 7 家；

重庆的义和祥、萃丰、裕兴、维丰、裕隆、永成泰等 6 家；

桂林的龙岗、同福、万福、鼎福、福源昌等 5 家；

汕头的永成泰、永隆昌、福永清、德大行、华昌等 5 家；

贵定的安顺、永隆昌、广益庄、新民、建华等 5 家；

昆明的云德、广益庄、裕兴、明德等 4 家；

香港的广兴茂、万福祥、天怀成福、义隆福、张公兴等 5 家；

扬州的益茂丰、太义昌、太丰、泰昌等 4 家；

芜湖的万清泉、大有鼎、苏德康等 3 家；

柳州的新华、裕隆、中华等 3 家；

镇江的大昌、茂大、茂和等 3 家；

苏州的万顺仁、裕和等 2 家；

潮州的福源、隆昌等；

徐州的苏恒盛等；

九江的张公兴、永成泰等；

贵阳的永隆昌、广益庄等；

衡阳的益茂、泰成等；

杭州的大有鼎等；

常熟的永隆昌等；

成都的源记庄、永隆昌等；

瑞金的利字号等；

宜昌的金盛等。①

2. 福建土楼客家人的重要财源 "烟刀制造业"

据《永定县志》记述："烟刀，刨条丝用，夙以洪川林日升等号出品为最良，行销广，获利丰。民初日本仿制倾销，利权遂被挽夺殆尽。抗战后，日货断绝，西陂乡林姓，以科学炼钢制成精良烟刀，乃起而挽回利权。如华南、华民两铁工厂出品之'超田''胜日''航空'等牌烟刀，其最著者也。"②

永定制烟业的发展也带动了烟刀制造业的扩大与繁荣。永定烟刀制造业在抚市乡、坎市乡发展较早，随后洪坑村烟刀业迅速崛起。永定烟刀生产始于明万历年间，是与永定条丝烟一道发展起来的新兴产业。最早出现的厂家在太平里的高陂黄田，继而是西陂的华南、华民等厂。至清初，金丰里的洪

---

① 黄国敬、沈开旺、胡大新、赖仲文编纂《福建省永定县烟草志》，福建科学技术出版社（福州），1995，第 258—260 页。

② 徐元龙主修，福建地方志编纂委员会整理《永定县志》（民国），厦门大学出版社（厦门），2015，第 546 页。

坑异军突起，反而成了永定烟刀的主要生产基地。清同治年间，林在亭为躲避太平军残部骚扰，带三个儿子林德山、林仲山、林仁山到抚市亲戚家，学习打烟刀的技艺。待太平军开拔漳平永福时，德山三兄弟技艺已学成，另立门户，开炉办厂，所产烟刀牌号初定为"盖本真"，后改为"日升"。建厂当年盈利两千多银圆，以后又陆续开办几个新厂。产品除在当地销售外，主要在上海、武汉等各大城市销售。一时洪坑"日升牌"烟刀名闻遐迩，所向无敌，几乎垄断了全国烟刀市场。到光绪六年（1880），林家顿成豪富。鼎盛时期，洪坑全村计有十五个生产厂家，他们的品牌厂号是：盖本真（后改名为日升）、盖本湖、盖本元、盖本仁、盖本才、贞利得、贞利潮、恒泰泗、恒泰东、天升、甘升、元升、日升、日美、恒本、金兴俊。全村包括燃料供应、采购原材料、修建厂房、司锤制刀、日常管理、经营运输、销售店商等从业人员不下两千人，超过洪坑村客家总人口的三分之一，经济效益十分可观。

　　洪坑烟烟刀的特点是不崩锋、不卷刃、不缺角、不断裂、无泡眼、无斑锈，好使、耐用、价廉、物美，除供应本县数百家条丝烟生产作坊外，还远销至汀漳府属各州县以及江浙、两广和湖南等省市，洪坑村的几十座大型福建土楼和庵堂庙宇、私塾学校，如富丽堂皇的福裕楼、庭院建筑形似大同恒山悬空寺的奎聚楼、规模结构仅次于"圆楼王"承启楼的"圆楼王子"振成楼、造型飘逸洒脱的林氏蒙学堂，以及雕塑精美的天后宫、关帝庙、魁星阁等，都是靠此产业的获利而兴建的。经营厂商因此致富发家的大有人在，这其中的佼佼者首数林仁山。

　　林仁山，少贫辍学经商，家道渐丰，后以产销几乎垄断江南烟刀市场的"日升牌"烟刀而成巨富。仁山为推销产品奔波于福州、上海、南京、武汉、长沙等商埠，结交许多高层显贵，在乡修桥、砌路、筑亭、救灾、赈荒、建"漏洋园"（义冢公墓）。清光绪六年以后，在洪坑购置田产，兴建福裕楼和林氏蒙学堂。废科举后，又将造型新颖、环境优美的蒙学堂扩建为日新学堂，招读永定南靖两县边陲的客家子弟，在全县开创新学新风之先河。林仁山懿德远扬，前郡守张炳星、大总统黎元洪、闽省长萨镇冰、省主席陈仪等，皆先后赐匾褒扬他的积善义举。其子鸿超为邑庠生、民国参议会议员，秉承先父遗志，兴建振成楼。此楼现为饮誉全球的省级文物保护单位，和高北承启楼并列，堪称"国宝"。

洪坑烟刀兴盛 300 年，至 1942 年前后，败于日本仿日升牌制造并对我国实行倾销的"朝日"烟刀。随着洪坑生产主力退出历史舞台，永定烟刀便自行消失，全县原来的冶铸手工业，转轨生产家用铁器，如菜刀、镰刀、柴刀、锅铲和锄头、耙链、耙齿、灰刀、抹刀等。①

第五节　过番与水客

1. 福建土楼客家人走向海外的方式——"过番"

"过番"，意为离开故土，到"番邦"谋生。番邦，通常泛指国外。"番"也是客家人对东南亚一带的统称，到那里谋生叫"过番"，早先过番的人叫"番客"，后来才叫华侨。客家山歌这么唱着："（女）阿哥出门去过番，阿妹送郎在门前。千山万水难见面，远隔重洋转来难。（男）千山万水难见人，莫因过番断了情，三年五载我就转，阿哥一转就行情。""过番"成为客家人改变生活现状、致富的希望之路，却也是为了谋生选择背井离乡的无奈之举。

永定是著名的侨乡。"永定远渡重洋、侨居海外的历史可追溯到建县（1478）之前，有溪南里芦竹（今仙师乡芦下坝）卢姓人出洋谋生。清康熙以后，出国谋生的人数逐渐增多。大溪乡东片村游翘其于清雍正十年（1732）前往印度尼西亚，下洋镇中川村胡兆学、胡映学兄弟亦于此时期前往沙捞越。乾隆十年（1745）马福春到马来亚②槟榔屿。1786 年 8 月，英国人莱特来到槟榔屿时，'全岛仅有中国及马来渔人 58 名'，马福春是其中之一。现在槟城珠海屿的大伯公庙香火仍十分旺盛，内供奉张公、丘公、马公三尊神，马公即马福春。1840 年鸦片战争后，西方列强强迫清政府为其掠夺东南亚殖民地而输送劳工，这里，永定金丰一带山区，大批人出国谋生，许多人涌向缅

---

① 此处资料来自永定县情网《永定特产》。
② 注："马来亚"为"马来西亚半岛"的旧称，今已不用。

甸、马来西亚、印度尼西亚等地。"① 民国时期的《永定县志》记载："永定各乡，旅居南洋侨胞，以第三区金丰为最多，第二区丰田次之，其他地方较少。其分布人数：英属七千有奇，荷属四千有奇，美、法、暹罗各属，约四千人。"② 永定下洋中川村就有"村民三千，华侨三万"之说。

永定客家人过番，主要取道广东汕头赴南洋，也有少数人经广西、云南到越南、缅甸，然后再往东南亚其他各地。永定番客最早落脚点多为东南亚各地，后来扩展到澳大利亚、美国、加拿大和西欧的国家，现在遍及全球，有 20 多万人。1997 年，永定在全县 24 个乡（镇）和县直属的 8 个系统单位开展侨情普查，对海外侨胞的人数、分布进行全面调查。据统计，永定有侨胞、港澳同胞共 259715 人。其中，侨胞 229999 人，港澳同胞 29716 人。主要分布在新加坡、马来西亚、缅甸、泰国、印尼、澳大利亚、加拿大、新西兰、日本、美国、菲律宾等 15 个国家和我国的港澳地区。

表 2-1　1997 年永定县侨港澳胞普查情况表 ③

单位：人

乡（镇）	侨港澳胞	其中		分布国家（地区）			
		华侨	港澳同胞	新加坡	马来西亚	泰国	印尼
合计	259715	229999	29716	27546	58874	11957	57211
下洋	85311	77893	7418	20941	35654	3889	8322
大溪	35616	32827	2789	1616	6036	182	18953
湖坑	34678	29625	5053	887	3438	2069	8169
古竹	34402	31346	3056	1153	2620	1983	7876
陈东	22684	20859	1825	492	1214	180	4118
岐岭	25459	23345	2114	—	6401	2288	5031
龙潭	3887	3670	217	93	960	—	2181
凤城	7515	3872	3643	70	1253	1146	1232
其他	10152	6551	3601	2294	1298	220	1329

① 苏志强：《永定水客与侨批业》，载《永定文史资料》第三十二辑，2013，第 361 页。
② 徐元龙主修，福建地方志编纂委员会整理《永定县志》（民国），厦门大学出版社（厦门），2015，第 534 页。
③ 《永定县志·续志》卷二十四《外事与侨港澳台事务（1988—2000）》。

乡（镇）	分布国家（地区）						
	缅甸	美国	澳大利亚	加拿大	香港	澳门	其他
合计	67007	4242	1308	393	19945	9771	1461
下洋	7822	1009	12	184	5133	2285	60
大溪	5427	12	—	—	1803	986	601
湖坑	12398	1669	718	43	2984	2069	234
古竹	16680	83	511	—	1029	2027	440
陈东	13968	709	47	131	971	854	—
岐岭	9625	—	—	—	1209	905	—
龙潭	433	—	—	—	159	58	3
凤城	141	—	—	—	3419	224	30
其他	502	760	20	35	3238	363	93

永定客家人过番大多迫于无奈，最早见于史料为明末清初时。当时不少客家人不满清朝统治或受清所迫，远走南洋。

永定"八山一水一分田"，从明中期起，由于人口膨胀，缺粮情况日益严重，明成化十四年（1478）前，就有溪南里芦竹（今仙师乡芦下坝）卢姓人出国谋生。清顺治、康熙年间，因赋役重，连年灾疫，一些永定客家人不顾朝廷"海禁"而出国。康熙二十三年（1684），清廷被迫下令解除海禁，形成过番高潮。咸丰、同治年间（1851—1874），因永定条丝烟逐渐为进口香烟所取代，经济萧条，加之海运发达，大批永定人便涌向南洋，形成又一次过番高潮。

除上述原因，还有其他原因。受工业革命影响，东南亚开始开采丰富矿产资源，吸引了大批敢于冒险的客家人前往。同时西方殖民主义占领南洋群岛，需要大量劳工，不少永定客家人被诱骗出去做"契约华工"。不少早期番客在外成功，也带领或刺激了不少家族劳力外出，胡文虎创办"万金油"成巨富，就安排了几十位胡姓梓叔在他的公司工作。此外，也有人因继承在外亲属遗产而过番，这类人数不多。再有，改革开放以来，不少人出国求学或工作，形成一批"新番客"，目前人数日渐增多。据统计，1988—2000年，县内出国定居的新移民有2000余人。其中大多数是出国留学后定居或获得居留权的，有的是通过科技或商业移民的，主要分布在美国、澳大利亚、新西兰、加拿大、新加坡等国家。

永定番客脚踩他人地、头顶他人天，大多异常艰辛。祖籍大溪的游任康先生，13 岁时只带 40 块钱赴印尼，步行到汕头时已没有船费，只好辗转新加坡摆地摊、卖石花为生，经过两年艰辛生活，蓄足路费到印尼一家药堂帮工，很快就失业，后经同乡资助二斤黄金，才开始发展。但更多的番客却没那么幸运，千里迢迢，万里相隔，因战乱、疾病和饥荒而客死他乡者不可胜数，能做牛做马苟延残喘已属不易，而能娶妻生子更是奢望。番客在外九死一生，而家里慈母、娇妻和幼儿却是无尽的痴痴守望，至今永定还有不少白发苍苍的老阿婆孤身一人等待丈夫归来。另外，由于长年兵荒马乱，即使成功的番客也常常没办法将家属接出，甚至侨汇都很难寄回家。

永定番客文化程度一般较低（后期较高），早期多打铁、种植、开矿、建筑、教书为生，或经商行医，以经营药材、百货为主。"工、商、农、矿居多数，教育、党务、机关次之，社会团体、新闻事业又次之。其在新加坡、仰光、爪哇等地者，以药业为大宗，米谷、杂货、土产次之；其在大吡叻、槟榔屿等地者，多营锡矿业；其在爪哇、西里比士、苏门答腊、婆罗洲各岛者，药业居百分之七十，五金、杂货、种植米谷、油、糖等业，居百分之三十。"[①]

侨商秉承客家勇猛精进传统，努力奋斗、辛勤劳动，慢慢积累打出一片天地。永定番客在他乡执着进取，不少番客站稳了脚跟，发展迅猛。诞生了胡文虎、胡子春等巨商和新加坡前财政部长胡赐道等政要。[②]1837 年，13 岁的胡子春就去了马来西亚，先是商店做学徒，有了一定的积蓄后投资开矿，在太平、拿合山和端洛经营锡矿，并对开矿方法进行创新，成了名扬一时的"锡矿大王"。

为加强团结互助，各地番客都先后组织地缘性的同乡会、互助会，与家乡有联系的永定同胞社团有 30 多个。如新加坡永定同乡会成立于 1918 年，

① 徐元龙主修，福建地方志编纂委员会整理《永定县志》（民国），厦门大学出版社（厦门），2015，第 535 页。

② 巫林亮：《勇敢者的博弈——永定客家的"过番"》，《福建乡土》2010 年第 4 期。

是新加坡永定侨胞组织成立的最早、规模最大的同乡会，已有近百年的历史。同乡会成立后成为永定新加坡侨胞联络感情、互助互促、传播文化、联结乡情的温暖之家。1946年他们出版了《永定会讯》，这是东南亚侨胞社团第一个刊物，报道乡讯，传播中国传统文化，在乡侨和新加坡华人中有很大影响。20世纪80年代以来，永定同乡会多次举办宗亲社区的联谊恳亲活动，为联络乡情、加强团结、共谋发展发挥了重要的桥梁作用，在世界各地的华人社团中有很高的声望。

永定番客大都保留客家传统节日、婚丧喜庆和客家话等原籍风俗习惯，但受居住地影响，也有所改变。按照自愿选择国籍的原则，目前番客基本都加入了居住国国籍。

2. 福建土楼客家人的海外中间商——"水客"

由于番客与家乡亲人联络的需求，出现了一种比较特殊的职业——水客。水客也是番客，但他们后来主要为番客往家乡传递物品、钱、书信等，从中收取一定佣金，后来还兼做乡里年轻人去南洋谋生以及将家乡介绍的对象带出南洋成亲等的中介，因此"水客"主要往返于祖地与侨居地，成为收取一定报酬为侨民传递"人、信、财、物"的中间人。

做"水客"的人，一般在南洋也有一定的实业和实力，或有个固定的商铺，为人比较活络，有良好的人脉，沟通能力较强，见识广，在比如语言、方言、民情风俗等方面都有更多的掌握，才能胜任这项工作。

永定的"水客"主要集中在"金丰里"，递送侨批的"水客"也大部分是金丰里人。比如"下洋中川村的胡咯光、胡定芹、胡清祥、胡品传、胡建盛、胡子权、胡旋文、胡前光，下洋镇下坪村的胡钳芳、胡洒芳，他们走水国家为新加坡、马来西亚；下洋镇富川村的胡道耀，下洋镇沿江村的赖腊兴'走水'国家为新加坡；下洋镇寨头村的谢寿山'走水'国家为马来西亚；下洋镇太平村的曾安源，下洋镇初溪村的徐建善，他们'走水'国家为新加坡、印度尼西亚；大溪乡莒溪村胡德林，坑头村游耿初、游顺元，他们'走水'国家为印度尼西亚；湖坑镇洪坑村林其相、林尚柱，湖坑镇六联村李宾延，他们'走水'国家为印度尼西亚；高头乡高东村的江焕章'走水'国家为泰国、缅甸；古竹乡大德村的苏超年、苏朋钦，古竹乡古竹村的苏观田，他们'走水'国家为缅甸；陈东乡榕蛟村的卢泰福'走水'国家为印度尼西亚；陈东乡陈东村的卢汝联、卢润寿、卢赐渊、卢郁文'走水'国家为缅甸等"①。可见"走水"的国家一般是家乡华侨比较集中的地方，可以更好地为家乡侨胞服务。

　　"水客"所获得的丰厚利润吸引许多人从事这一行业，真可谓是"利便侨民兼益己，运输财币逐家乡"。首先是华侨付给水客一定的茶水费与脚力钱，一般来说水客按大约10%的比例抽取佣金，这个比例是相当高的。此外，还有几种赚钱的途径：一是靠货币汇率差价赚钱。水客代侨胞带回信款，出于国际币制不同及为便利安全起见，常由南洋汇至香港后再转汇国币回祖地。水客收取华侨信款时，根据当时的汇率适当收高一些，到家乡发放时又降低一些，这样一高一低从中就有不少利润。二是水客将侨胞托带的钱款先行挪来购买当地便宜而家乡又紧缺的"洋货"，如布匹、胡椒、西药、燕窝等，然后运回家乡卖，卖完后再把钱款交还侨属。三是水客返南洋，除代侨属带信、物外，还顺便将家乡的土特产如干咸菜、民间草药等带到南洋卖给华侨，从中获利。到后来，水客的业务发展为在海外收汇、通过银行汇回国内解汇或通过商业经营驳汇，不用随身携带巨款回乡，避免了风险也更加便捷，可到家里后通知侨眷到所在地收取侨汇。下洋中川古村落有几处兑汇点，至今还挂着"美元"店牌。

---

① 《江城"金丰水客"》，载《永定文史资料》第二十九辑，2010。

第三章　福建土楼客家商缘建构的历史脉络

　　福建土楼客家经济主要是农业经济，农业生产占主导地位，但随着人口的增加，人们为了克服生活上的困难，也从事副业或农业以外的生产活动。他们或是外出做工，出卖劳力，或是做一些小买卖，最多也是办些小作坊、小工厂、小商店等。商品经济的发展，促进和提高了经济作物的种植，同时又推进了市场的成熟和商业网络的建构。葛文清认为，"随着唐宋时期客家先民潮水般的涌入，汀江流域的经济结构就逐渐从耕织经济为主转向外向型商品经济为主，同时这种演变又与潮汀航运密切相关，汀江航运的兴起、繁荣与衰退，大体上体现了外向型经济演变的相应阶段"[①]。刘正刚也指出，"明清时期，无论是汀江流域，还是三角洲地区，经济的发展都呈现多样化的趋势，人们逐渐摆脱传统自然经济的束缚，开始跨进商品经济的行列，特别是原来比较落后的汀江流域，在经济作物种植和手工业方面发展迅速，开始赶上或超过沿海地区，打破山区和沿海平原经济发展不平衡的历史状况"[②]。

　　研究表明，闽西经济网络的形成，有两条主线：一是以汀江（及部分韩江）、九龙江流域为主的交通大动脉促进了客家大本营经济的发展。自宋代开创汀江与韩江联运，直至20世纪50年代的800余年间，汀江水运十分繁荣，长盛不衰。江西赣南平原和汀江流域盛产的粮食、竹木、纸品及其他土特产品源源不断地汇集到长汀、上杭两县城，通过汀江、韩江水运至潮汕地区，

---

① 葛文清：《汀江流域外向型客家经济的演变初探》，《龙岩师专学报》1995年第2期。

② 刘正刚：《汀江流域和韩江三角洲的经济发展》，《中国社会经济史研究》1999年第2期。

再转运销往国内外。而海盐、布匹、煤油、日用百货等又从潮汕等地经韩江、汀江运销汀江流域及赣南各地。据《漳州府志》载，由汀州登舟沿汀江南下，经上杭、永定，而后舍舟，沿山道至南靖船场，再沿西溪（即九龙江西溪）登舟，经山城抵漳郡；宋元时期，闽西汀州属地土特产品出口，有相当部分由该线水陆兼程运抵漳州再转销国内外。由此可见，汀江是闽粤交通的大动脉，是闽粤赣客家地区人民赖以生存和繁衍的"水上运输线"，是海上丝路的重要延伸和组成部分。汀江不东流入海，而是由北向南纵贯闽西，在广东大埔县三河坝与来自嘉应州的梅江汇合成韩江，在潮州和汕头南流入海。因此，"地处山区的汀江流域通过汀江—韩江航道与沿海平原及海洋直接连接起来，在经济上成为海洋经济'潮汕圈'的一部分"①。

二是明清时期，客家大本营以盐粮为主要交易物资的流通，构筑了闽粤赣边区商业网络的形成。中国历代都实行食盐专卖政策，不许越界销售。闽西、赣南都不产盐，南宋开始，由于盗卖潮盐日益严重，政府不得不开辟潮汀水路，将汀州列为潮盐销售区，明清时期扩展到与闽西相毗邻的部分县域。随着移民数量的增多，人口激增，使汀州地区粮食不足，赣南却是产粮区，因此闽赣潮的"盐粮流通"成为三地贸易的主线。当然永定等县烟草业的发展和输出，也在一定程度上推动了福建土楼商品经济的繁荣发展。当然，这一区域的商品经济发展还不是社会生产力较大提高的结果，而是以山区自然资源、特色商品、独特的运输条件为依据形成的，因此在广度和深度上都有一定限度，并没有改变福建土楼自然经济的根本特征，只是在一定程度上促进了商业发展和海洋经济的起步。

第一节　福建土楼客家商帮与会馆

1. 永定客家商帮

随着几百年来商品经济的发展，到明清时期商品行业繁杂，数量增多，

① 郭飞燕：《试论明清汀、漳山海互动及龙岩经济地位的提升》，厦门大学硕士论文，2009。

商人队伍日渐壮大,竞争日益激烈。商人利用他们天然的乡里、宗族关系,联系起来形成了商帮,互相支持,同舟共济。

商帮在商业往来中起了很大作用,有效地整合了商业资源。从产业组织的角度来看,商帮实际是一种松散的企业网络组织形式。由于共同的地缘属性,各商号的掌柜或伙计之间有频繁的私人交流,各地商帮会馆的建立更为这种交流提供了便利。不同商号的商人之间,不仅在信息沟通、经验交流、统一行动和计划方面相互合作,而且也在诸如资金拆借、货物调剂、器具借用、结伴采购、运送捎带货物方面相互支持。

历史上的商帮以地域区分,以文化区分,例如晋商、徽商、粤商、客商等。之所以会有晋商、徽商、粤商、客商之分,其实正说明了商业帮会的属性具有区域特征,或者说属于不同的文化圈,帮会成员有共同的习惯、语言,甚至是有血缘关系,彼此有着相同的文化根源、习俗、信仰、风格,有着很强的地域性。而它所面对的市场是开放的,超地域的,所以说商帮是区域文化与市场矛盾的产物,这一矛盾通过不同商帮来体现。商帮面对开放的市场时敢于走出去,去市场拼搏。因为基于共同的文化基础、习惯,甚至是血缘关系,彼此之间很容易沟通,具有非常积极的保护作用,包括相互之间的团结合作、互补、信息交流。

明朝以前,客家商人经商活动多是分散的、个体的行为,没有出现具有特色的商人群体。就是说,有"商"而无"帮"。但到明清时期,特别是明中期(15世纪中期)以后,由于贸易全球化的推动,加上中国是贸易全球化的大市场,中国南部地区成为贸易的中心市场。广东的商人特别活跃,因此也就有了"广东商帮"之说。而广东又以地域区分为广州商帮、潮州商帮、客家商帮,当然客家商帮也包含了汀州的客家商人,因为汀州的商路和广东商路是不可分割的。如汀州经汀江,到永定峰市到梅州地区经大埔县的石上埔,再往潮州、广州等地。

永定的客家商帮可分为两类,一类是由烟草生意而结盟的亲缘性商帮,一类是海外经商的客家侨商结成的地缘性商帮。

永定烟号以家族的形式经营,是一种以亲缘为核心的商业组织。血缘、亲缘是商业组织的基础，越是紧密的亲缘关系，就越能建立商业权责的基础。烟商依靠家庭血缘关系组成的烟号，是经营模式中最基本的模式。以永定抚市永隆昌家族烟丝商行为例。永隆昌家族三兄弟黄万斗、黄万才、黄万鹏，合称为"黄百万"，或称"百万公"。黄万斗兄弟经营永隆昌商号期间，正值永定条丝烟日升月恒，向巅峰迈进之时，加之三人分工协作，经营有方——老大万斗在家购烟叶，开"烟棚"，把一批批优质条丝烟源源不断运往长江中游和云、桂一带的"好价"地区；二弟万才、三弟万鹏则分别在湖南的长沙、湘潭、浏阳，江西九江以及广西、云南等地开设"永隆昌"分号，不断扩展销售业务，几年之间，便奇迹般地发了财。永隆昌的合伙人能够合作起来，原因是他们为血缘亲兄弟。黄万鹏在外获得经验和资金，愿意带两位兄长一起经营永隆昌烟号，这种合作的基础是牢固的，是以亲缘、血缘为纽带结成的商业同盟或伙伴关系。

洪坑林姓家族的日升牌烟刀，由林德山、林仲山、林仁山三兄弟经营。三兄弟又各展专长，适当分工而配合得当：德山管质量检查，奔忙于各厂之间；仲山管外采原料，专跑南靖、漳州以至广东，甚至包揽永定官铁，曾因此引起同行和其他打铁厂公愤；仁山管推销，活跃在上海、武汉、广州各大城市。日升烟刀竟远近驰名，企业蒸蒸日上，几乎垄断全国烟刀市场。

抚溪乡（今抚市镇）把经营条丝烟的大户商号进行归纳，得出抚市条丝烟当时的销售地有：广东的广州、汕头、潮州；四川的重庆、成都、巴县；湖南的长沙、湘潭、浏阳、衡阳；江西的南昌、九江、宁都、赣州、瑞金；江苏的南京、镇江、高邮、扬州、六合、苏州、无锡；上海；浙江的杭州、温州；贵州的贵定；湖北的汉口、武昌、黄陂。

永定条丝烟还销往国外，主要为东南亚国家，包括越南、菲律宾、马来西亚、印度尼西亚。永定有大量的华侨遍布这些国家。因"侨居暹罗、马来亚、安南等处人数甚多，生活习惯仍不脱故乡风尚，其所需或由汕头直接输出或由香港转"。大量的烟丝输出，说明有相当数量的永定烟商在南洋专门从事条丝烟业。光绪年间下洋中川人胡五宏将永定条丝烟运往马来西亚销售，获利甚丰，后独立设店经销永定丝烟。

传统的农耕社会文化模式，导致了烟号的品牌价值、资金、人才都不可能延续以扩大企业的规模，这些烟号的出现犹如"昙花一现"。传统农业社会"重义轻利""重本抑末"的思想，导致由核心家庭组成的烟号，在其创业之初有其优势，符合经济组织发展的规律，但最终还是被其本身的局限性阻碍，并且无法超越。这也是永定烟丝产业走向衰落的原因之一。

2. 永定客家会馆

会馆，顾名思义，"会"是聚会的意思，"馆"是宾客聚居的房舍，就是聚会之场所。会馆是明清时异籍人在客地的一种特殊的社会组织，是我们中国人的一种地缘性民间组织，是以互相济助为目的的同乡会。

明中期以来，随着商品经济的发展，市场体系日趋完备，由经济利益驱动的流动人口不断增多，他们之中有商人、农民、手工业者。在异地的城乡，商人们或从事大宗商品的批发贩运业务，或经营零售店铺。商人的迁徙与普通移民因生存条件而移徙迥然有别，是由市场机制和经营方式驱使的。随着长距离贩运贸易日益频繁，商人家居的时间越来越短，在外游贩的时间越来越长。部分商人逐渐落籍定居，并在所到城市设立庄号，批零兼营。由于传统社会市场运作"小生产，大流通"的特点，商人的籍贯与其所经营的商品及所从事的行业有着某种一致性，这就为同籍商人建立会馆和组织商帮奠定了商业地理基础。

由于各地都存在不同程度的排外心理，侨居商人阶层与当地社会存着隔阂，外来者开始时往往处于文化少数派的地位。对于地方社会来说，这些个人或群体是外来的，他们本来就不属于这里，在重视宗族血缘关系的社会里，他们总显得势单力薄。侨居商人阶层与当地社会的隔阂，可能还会造成纠纷和冲突，而当这种纠纷和冲突与资源享用或权力分配交错在一起时，更显得复杂。这种文化少数派地位使外来者日益边缘化，而社会的边缘地位又反而促进了外来者之间的相互认知和认同，促进他们共同身份的凸显。创设会馆最显而易见的动机在于联络乡谊，且会馆这一建筑物本身就是乡情、亲情的表象符号。分布在全国各地的商人会馆，建筑风格上都具有浓郁的地域特色。一些会馆的设计者在结构技术和装饰手法上尽可能采用商人故乡的风格，力求营造出一种"他乡遇故旧""宾至如归"的乡土氛围。暂借一隅之地小住一时的乡亲和故人,来此或集会,或宴请,或祭祀乡贤,或照顾乡民,或联络乡谊,会馆也发展成为"同乡会"和"行业工会"性质的场所了。会馆作为民间的乡帮组织,通过开展慈善活动,在恤孤济贫、纯正民风、稳定社会秩序等方面发挥了积极作用,同时又联络乡谊、敦洽乡情,促进同籍人事业的发展。至19世纪中期,各地会馆及其所附设的慈善组织已经比较完善,救济功能、范围和形式都有新的扩展,其慈善活动也愈趋活跃。会馆举办的慈善活动主要有助学、助丧、施医、济贫等。

闽西向东越过九龙江往漳州,可从厦门海路外出;向北沿闽江去下游的福州;向西过闽赣交界的武夷山入赣南;沿赣江既可南下广东,也可北上湖广,西至四川。因此说,闽西地区虽多山,但交通仍有其便捷之处,这对商贸往来很重要,闽西商人就是沿着以上诸条道路奔赴全国各大市场。到清代中期,中国东南一带处处可见闽西商人活动的足迹,如福建、台湾、江西、广东、浙江等地,潮州有汀州府和龙岩州两地商人所建的会馆——汀龙会馆。足见潮州是闽西商人外出的重要门户。在苏州,有建于康熙五十七年(1718)的汀州会馆,为上杭纸商与永定烟商合建。闽西商人在其他省份也很活跃,资料显示,清代的闽西商民在四川主要从事糖、烟、盐等行业。他们不仅人数众多,而且经商范围广泛,在清代四川的工商业中占有一席之地。

客家人在东南亚各国定居以及从事商业、开矿的越来越多,他们纷纷建立以同乡会会馆或同业性质的商会。商人会馆亦有称为"公所"者,所谓"会馆者,集邑人而立公所也"。"会馆设在市廛,为众商公所","凡都会之区,嘉属人士,足迹所到者,莫不有会馆"[①]。1801年,广东嘉应州客属人士在槟城成立同乡会团体,初名叫"仁和公司";1821年,客籍人士在马六甲成立马六甲应和会馆;新加坡开埠于1819年,过了三年,即1822年,由刘润德公等发起创建应和会馆。此后一百多年间,客属会馆如雨后春笋,应运而生,仅在马来西亚就成立了许多嘉应客属会馆,如安顺会馆、古晋嘉应五

---

① 闫思虎:《客家商帮的形成演变及历史影响》,《史学研究》2016年第11期。

属同乡会馆、霹雳州嘉应会馆、雪兰莪嘉应会馆和印度尼西亚泗水的"惠潮嘉会馆"等。客家商人（包括其他客籍人士）和衷共济、患难与共、相互扶持、共同发展，从 19 世纪开始形成以广东惠州、嘉应州、福建永定等地客家商人为主的"客家商社"或"客家商帮"。

永定烟商的地域组织建立在同业的基础上，因此这种组织具有业缘和地缘两种属性。同业的性质，使得烟商之间具有竞争性，也同时具有合作性，同时地缘性的组织使得业缘的合作性得到了加强。永定烟草经营有其特殊性，这种特殊性在于永定烟草业的竞争，其产品在永定这个地域品牌下进行营销。皮丝烟和条丝烟是永定烟草的代名词，也就是说永定条丝烟产品具有地域性，这使得永定的烟商组织在烟商们的生活中占有重要的地位。烟商赖汉滨先生在外经营条丝烟业，对永定烟草产业有十分清醒的认识。他就曾亲撰成立"烟业公会"组织的倡议书，认为永定条丝烟产业的兴衰不仅关系到商人本身，而且关系到永定人民生活的生计，关系到永定社会的稳定和发展。彼时的条丝烟产业，面临国外烟草业的竞争和政府的高额税收，这些危机已经让永定条丝烟业难以为继。烟商作为永定社会中的精英，应成立烟业公会，沟通烟业与政府的关系，思考永定烟业的前途与未来。赖汉滨特别指出，烟业公会需"冠以永定二字者，因皮丝烟一业，与我永定有特别关系"，说明烟商组织是一个地缘和业缘结合的群体。后福建旅京同乡会成立（1928），赖汉滨被选为执委。又南京市皮丝烟旱烟协会成立，他为常委。烟业公会对内主要是协调市场关系，统一定价，规范用工及替政府收税等。

时代不同，社会环境发生变化，现在新设的客家会馆主要以休闲娱乐和交流联络为目的。

最著名的新加坡永定会馆成立于1918年，由胡化山、胡必育、胡秀容、胡星阶等人发起成立。会馆的宗旨是"联络乡情，促进团结，共谋福利，服务社会"，凡属永定县人士均可入会。1942年新加坡沦陷，会务停顿。1945年新加坡光复后，在胡蛟、胡月梯、黄定标等人的努力下，恢复会务，出版《永定月刊》，报道侨乡消息，联系同乡。1951年组织互助会，为同乡谋福利。1970年购置新会所，至1983年会员有五六百人。1988年10月28日会馆举办成立 70 周年庆典，来自海峡两岸、马来西亚和新加坡的乡亲 700 多人参加。1988 年会馆主席为曾良材，是永定下洋人。会馆的大部分会员以下洋胡姓和曾姓人占多数。在新加坡建国前，永定会馆与祖籍地的联系密切，是新加坡永定华人支持祖籍地公益事业的总机构。会务其中一项就是"交流信息，支持桑梓建设"，当祖籍地发生灾祸时会馆就发动同乡捐款救济灾民，会馆发挥了为侨乡筹募捐款的组织作用。在新加坡建国后，会馆也面临着"国家认同"和角色转换的问题。新加坡建国后的永定会馆是"为永定华裔公民服务的一个机构，也是为新加坡共和国效力的一个民间组织，摆脱了扮演南洋永定乡侨总会的旧角色"。因此，会馆在会务方面也进行了调整，包括设奖贷助学金、培育同乡子弟、发老人度岁金、培养敬老尊贤的风气、积极推广华语、加强与世界各地同乡联谊。会馆根据认同和地位的变化也注重在当地的会务和发展，新加坡的"永定人"逐渐认同当地国家，注重在当地的生存和发展，努力融入当地社会经济的主流。

早期的定光古佛寺庙也有客家会馆的功能。永定客家人漂洋过海，他们迁移入台，为生存，为开垦，为事业，为家族繁荣，路途艰辛，山遥水长，或孤身而去，或拖家带口，到了陌生之地，不陌生的是乡情的互助和同族人的提携，各类同乡会、客家会馆以及共同神圣的祈福之地定光寺等发挥了很大的作用。明清时期，随着客家人的迁徙，定光佛成为两岸客家人的共同信祖。站在陌生的土地，沐浴海岛的蕉风椰雨，为寻求心灵的慰藉，祈福、保平安、抗灾难，迁台先民把定光佛信仰带到台湾。淡水鄞山寺主祀定光佛，与彰化定光佛寺同为清朝时在台湾所建的定光佛寺，也正是汀州及永定客家人渡台创业之缘和客家族群互助相帮的见证。

鄞山寺。鄞山寺得名于鄞江，即汀江。由汀州府人张鸣冈等捐建，并由罗可斌施田以充经费，建于道光三年（1823）。供奉其原乡守护神定光古佛，并在寺庙两厢设有接待同乡后进抵台住宿用的"汀州会馆"。鄞山寺建造以后，一方面作为汀州人的信仰中心，祀奉他们在原乡最重要的明定光古佛；另一方面也作为汀州人在台湾的会馆，接待商人也接待汀州移民，成为渡台乡亲的一个集合点和开会议事的场所。建庙的捐献者绝大部分来自"永邑"即永定县,总共有 28 人,6 个姓氏,其中,江姓人最多,共有 12 个;其次是孔、胡、苏、张,如果再加上施田的可斌、可荣兄弟(他们的坟墓现在还在鄞山寺旁),就有来自永定的 7 个姓氏。定光佛寺主要分布在闽西的客家地区,源于武平均庆寺。定光佛,俗名郑自严,闽南人,但一生中大部分时间都在汀州弘法。11 岁出家,17 岁得道,82 岁圆寂。传说他降蛟伏虎、行医积善、救民于水火。公元 1240 年,朝廷赐庙名为"定光院",最后并加封其为"定光圆应普慈通圣大师",于是民众尊称其为"定光古佛"。定光古佛是客家民众的人格神,信众许多,由于定光古佛在汀州影响很大,因此清代迁往台湾的闽西客家人就把定光古佛信仰传播到台湾,建庙供奉,并作为汀州人祖籍认同的一个象征。鄞山寺与一般庙宇或同乡会的不同之处,就是明文规定寺中的所有业务和资产皆属"台湾汀众"所持有,诚如庙中史料记载:"鄞山寺系台北汀众公建,所有本祀业应归本地汀人。办理公议有事项商榷之处,亦由本地汀众集合议决……"[①]

彰化定光庙。道光年间的《彰化县志》记载,彰化县的定光古佛庙也是由"永定县士民"修建的。乾隆二十六年(1761),台湾彰化县的福建永定金砂乡客家籍张氏士民募款,仿效故里金谷寺的样式,在北门内首建一座定光庙,主祀定光佛,配祀天上圣母、福德正神和境主公,它与台湾其他定光寺一样,均兼作汀州会馆。道光十年(1830)贡生吕彰定捐款重修。可惜在日本殖民统治时期被破坏大半,后来恢复整修。庙内古佛,塑造庄严,大气昂然,规模虽然不大,入寺别有洞天。更可贵的是,这里保留了不少清代匾额,如 1762 年的"西来花雨",1773 年的"济汀渡海",1776 年的"光被四海",1825 年的"智通无碍"等。定光古佛信仰在两岸客家族群的形成和播迁过程中,起到了凝聚人心的作用,彰显了其独特的历史文化价值。

---

① 廖伦光:《台北县汀州客寻踪》,国家图书馆出版社(北京),2006,第 34 页。

表 3-1 永定部分客家会馆名录

会馆名称	成立时间
新加坡永定会馆	1918 年
缅甸永定会馆	1918 年
霹雳永定同乡会	1946 年秋
槟城北马永定同乡会	1947 年
印尼雅加达永定互助会	—
台北市永定县同乡会	1971 年
香港永靖同乡会（以地域、亲缘的历史渊源关系，由永定人与南靖人共同组织）	1983 年

第二节 福建土楼客家的商业活动脉络

1. 福建土楼客家商业、交通与贸易

交通是商业发展繁荣的必要条件，同时也决定了商业网络的建构。福建土楼区域属于山区，交通极不便利，这一直是经济发展特别是商业发展的障碍之一。福建土楼客家经济传统的商道包括两种方式：水路和陆路。水路方面，汀州离不开两大水系：汀江水系和九龙江水系。就永定福建土楼区域而言，主要是汀江水系发挥作用。明中期后，汀州到漳州的陆路交通有两次较为明显的改善，一次是永定路的开辟，另一次是龙岩到漳平宁洋路的开辟。汀江和九龙江流域水陆交通基本形成规模后，特别是取道永定，便打通了龙漳和汀潮的交通线路，使九龙江与韩江流域水路交通也连接上了。同时在官方和民间的共同努力下，由漳州沿海到永定、广东的新驿道也得以建成，形成了一个汀、漳、潮的交通网。

从陆路看，"永邑辟处万山，林深箐密，交通阻梗"①，山多路窄，有官方的驿道与民间的乡道交叉衔接，"清时，官文书之传递，设有驿站，十里一铺，铺有塘房，故今称路长十里犹曰'一铺'，亦曰'一塘'。站则大约

---

① 徐元龙主修，福建地方志编纂委员会整理《永定县志》（民国），厦门大学出版社（厦门），2015，第 487 页。

三四十里为'兼站',六七八十里为'宿站'"①。多依崖靠山或临溪流山谷,山路弯弯、崎岖不平,极为难行,且维修不足。

路线大者约计有六:甲、县东北通漳州路。由东门出,经箭滩、罗滩、湖雷,绕龙窟麻公前、抚市东溪、上寨、龙潭、铜锣坪、岭下,至清风凹,统计一百里。再由清风凹出县境而达漳州。

乙、县东通南靖县路。由东门出,经白叶凹、当风凹、戊子桥,绕岐岭、大溪、湖坑、高头,至佛子隘,统计八十里。再由佛子隘出县境而达南靖。

丙、县东通平和县路。由东门出,经白叶凹、当风凹、戊子桥,绕岐岭、大溪,至南溪伯公凹,统计八十里。出县境经芦溪而达平和。

丁、县南通大埔县路。由南门出,经杨梅凹至箭竹隘,统计二十里。再由箭竹隘出县境而达大埔。

戊、县西北通上杭县路。由西门出,经金砂、樟塔,接敬铺、白砂、丰稔市,至官田,统计六十里。再由官田出县境而达上杭。

己、县北通龙岩县路。由东门出,经湖雷,绕溪口、坎市、富岭头至水槽隘,统计八十里。再由水槽隘出县境而达龙岩。②

可见陆路以通漳州、大埔为主要的通道,因此永定人往漳州经商开药铺为多,万应茶的创始人卢曾雄祖上正是在汕头市开药店起家的。还有广东、大埔交界的乡村商业更为发达,如下洋、峰市等水路交通与商业网络。汀江到韩江航道是汀州与潮汕地区之间最主要的交通线,主要是从永定码头到潮汕方向或漳州方向,以潮汕为主。

汀江水系。汀江源于宁化县西部的赖家山,汇聚田溪、桃澜溪、旧县河、黄潭河、永定河等支流,组成总长 702 千米的水系,是福建省四大河流之一。

---

① 徐元龙主修,福建地方志编纂委员会整理《永定县志》(民国),厦门大学出版社(厦门),2015,第 488 页。
② 徐元龙主修,福建地方志编纂委员会整理《永定县志》(民国),厦门大学出版社(厦门),2015,第 488 页。

汀江流域处于武夷山南端和玳瑁山之间，山系复杂、沿岸山多，地形变化大，因此水流湍急，滩礁交织，大小急滩近一百多处，因此到峰市棉花滩后分段而行。特别是南宋端平三年（1236），汀县县令宋慈（1186—1249）将汀县所用之盐，由陆运的漳盐改为水运的潮盐后，上杭到峰市这段水运航道显得特别重要。

民国时期的《永定县志》对水路交通如此概述：

县境内之可通舟者，向有永定溪、丰稔溪，今峰市已改隶永定，则可通行船者，又有汀江，并详记焉。

甲、汀江之船溯江而上，经折滩、马寨下，出县境而至南蛇渡，过大沽、黄泥垄、撑篷岩而抵上杭及长汀。自撑篷岩以下滩多险恶，舟行不易。船户约三百，每船载重，春可四千斤，冬可三千斤；上驶春可三千二百斤，冬可二千五百斤。上驶由峰市至杭城约须二日，下驶由杭至峰则因滩流湍急，约半日可达。

峰市以下，两山紧束，水急滩粗，舟不能通。而棉花滩尤险，此为闽粤天然之界限，西岸行店数百家，设有税务局，百货至此必起岸入行，转雇肩挑，过山十里至广东石上，改舟经大埔、潮汕而出海。

乙、永定溪之船由抚市、坎市，行经青坑、湖雷、永定，沿途运货至芦下坝起卸，转运至埔北虎市，改舟经大埔、潮汕而出海。船户向有二百余，近二十年来，抚市出口烟丝改用邮运，由湖市至抚市之货改用肩挑，船户已减少。所载重量，春可二千斤，冬可一千五百斤；上驶，春可一千五百斤，冬可千斤。其顺流日期，自坎市、抚市至芦下坝，约日半可达；上驶约须三日。

丙、丰稔溪之船自杭地黄潭至坝头入永界，出河口，行于大溪而达峰市。船户数十，所载重量春可二千余斤，冬可一千八百斤；上驶，春可一千八百斤，冬可一千二百斤。[①]

---

① 徐元龙主修，福建地方志编纂委员会整理《永定县志》（民国），厦门大学出版社（厦门），2015，第 489 页。

水路的目的地主要是潮汕大埔方向,汀州的木材、粮食、烟丝等从此运入并形成一定的贸易量,又从水运中获取盐、煤油、棉布、药材、日用品等商品。货物销售到粤东、赣南各地,潮盐闽粮又提供给汀州各县,可见交通连接了贸易,贸易促进了经济,汀江沿线一派好景象,商业也繁荣了起来。

2.福建土楼客家的商业重镇

"汀之永定,乃上杭之析邑,而闽之绝域也。毗近潮、漳,僻居万山中。人民倚险习顽,衽席干戈。成化丁酉冬,渠魁钟三,啸聚劫掠,四远弗宁。上命都宪高明巡抚其地。贼平,会三司议:'非立县,不可为长治久安计。'遂奏析杭之溪南、胜运、太平、丰田、金丰五里一十九图,设立县治于田心,名曰永定。"①永定各乡镇有其特色,从交通、商业和经济角度,选择凤城(县城)、湖雷(上杭场所在地)、峰市(汀江水运码头)、下洋(广东交界、侨乡)、抚市(陆路中心)、湖坑(烟刀生产及福建土楼中心区)作为商业重镇进行描述和解读,以见传统福建土楼商业经济的状况与变化。

凤城,永定县城中心。永定县城,位于县境中心偏西南,东、南、西均与城郊乡相连,北与西溪乡接壤,西北与金砂乡(镇)交界,为河谷盆地,地势由东北向西南倾斜,古称"田心"。

建县后,即为县治所在,以其山形地势如龙似凤而取名凤城。明、清,属溪南里第五图,称"田心"。1929年建立永定苏维埃政府,属第三区溪南区苏维埃政府。1950年属第一区龙岗区,称龙岗村。1951年改为龙岗镇。1952年改为凤城镇。1956年6月称城关镇。1958年10月称城关公社。1966年9月改称先锋公社。1973年复称城关公社。1983年7月建立凤城镇。辖区东西最大距离7.4千米,南北最大距离6.9千米,总面积28.8平方千米。人口密度为每平方千米1592人。②

永定县城原来建有城墙,"弘治七年始筑城,至十年工竣。永城半挂山巅,半垂山麓。周围七百七十六丈六尺,基以石板,甃以陶砖,址广二丈有

---

① 徐元龙主修,福建地方志编纂委员会整理《永定县志》(民国),厦门大学出版社(厦门),2015,第98页。

② 张绪余:《凤城今昔》,载《永定文史资料》第三十二辑,2013,第306页。

奇，面广三之二。南临田，高二丈九尺有奇；北倚山，杀于南十之一。内外马道广一丈五尺，壕二丈余，深半之。为门者四：东曰太平，西曰迎恩，南曰兴化，北曰得胜"。[①] 城外还有东半街、糍粑街、大洲街、半坑里、大小围楼、三角坪、寒陂下、沙岗上、枫尾等居民区，城墙拆除后城内外成为一体。民国时，有"一园、二街、三桥、四门、五楼、六井、七尊、八景、九巷、十祠、户八百、人三千"[②] 之说。

且说"二街"，指中山公园之南有中山街（后称九一街）和南门街。东起"太平门"（今纪念碑与环城路交会口）西至"迎恩门"（今县医院和环城西路交会口）为中山街。旧时，中山街全长 850 米，宽 6.6 米。从中山公园南到"兴化门"（今为南门街旺都超市以西）为南门街，长 325 米，宽 5 米。一位老人回忆说："民国时期的街道，一站在街中间，不要移步，左手买火柴，右手买香烟"，可见小商业繁华，也可见街道狭窄。[③] 旧城区东南西三面临河，北面靠山，面积仅 0.46 平方千米。有人曾形容说："南门街打碎一个碗，全城听得见。"

再看"九巷"：兴盛巷、豪土巷、上下巷、南井巷、温屋巷、新巷里、回龙巷、龙岗巷、书楼巷，还有后岗巷、九弯十八角等，大都改建得不见踪影了。"户八百"，则是城内户数达 800。"人三千"，则是城内人口 3000 左右。

中山街和南门街路面是河卵石，中山街中间还加了长条石板，是城内最主要的商业街。街两旁多是前店后宅、下店上宅、前店后作坊的土木结构瓦顶平房或两层房。凤城的老街景比较热闹，有各种老店小吃和老行当。"松古子的杏仁茶、枫古子的豆腐、文老子的肉包子、枸老的兜汤、古老师傅的便食在城内颇负盛名。还有阿梅哥的禾叶粄、打白铁的加林师、钉笼打索师傅廖过煌、放刀花的理发师、装画鹏的七满子、汉剧丑旦水满老、算命测字的

---

① 徐元龙主修，福建地方志编纂委员会整理《永定县志》（民国），厦门大学出版社（厦门），2015，第 99 页。

② 徐元龙主修，福建地方志编纂委员会整理《永定县志》（民国），厦门大学出版社（厦门），2015，第 99 页。

③ 徐元龙主修，福建地方志编纂委员会整理《永定县志》（民国），厦门大学出版社（厦门），2015，第 99 页。

刘日苟等都誉满城内。"①补锅头、钉笼、打磨石、风车、撰把戏、刻章、打铁、理发、裁缝等几十种客家老手艺老行当在凤城汇集，如今有的淘汰了，有的还有些保留，但也日渐稀缺了。

凤城依山傍水，北靠凤山，南有永定河，从东溪由北向东转向西南穿城而过，与西溪水合流出古镇。城内人吃水，主要是从河里挑水，还有城内的六口古井水，及杭陂下的大圳水。特别是杭陂下的大圳水几乎穿过半个城，近 2000 米，为大量城里人提供生活用水和浇灌用水，现在虽然没那么清澈了，但还有圳的痕迹。

古时凤城交通主要靠永定河水运。1933 年，龙峰公路（龙岩到峰市）抗战时中断，大小木船的运输从抚市到芦下坝，凤城也成了水运集散中心，永定河道每日商船往来如织。清晨，当船头升起袅袅炊烟时，就有许多家庭主妇和姑娘们在河边忙于挑水、洗衣；傍晚，田心里和东心坝两岸熙熙攘攘，出现"百余船舶挤两岸，雾水烟销弥东岩"的繁忙景象。②

湖雷，永定"墟王"。湖雷以胡、雷两姓在此开基而得名"胡雷"。清末时，士绅认为"胡雷"二字带有姓氏色彩，遂改"胡"为"湖"，称"湖雷"。位于县境中心、永定河中游。东与抚市镇相靠，南与岐岭乡、城郊乡相接，西与西溪乡、合溪乡相连，北与堂堡乡、坎市镇相邻，距县城 11.8 千米，属汀江水系。永定河自东北向西南流经湖雷全境。"唐大历四年（769）在湖雷下堡置上杭场，管辖今永定、上杭两县区域，（至）南唐保大十三年（955）场治迁出时为止，达 186 年之久。"③明、清时属丰田里的下丰。民国前期称第八区、下丰区，辖湖市联保、上湖联保等。1937 年称第二区，后称湖雷镇、湖雷乡。1930 年 2 月和 1949 年 9 月先后为永定县苏维埃政府和县人民民主政府驻地。1949 年 10 月后称湖雷区、湖堂区、第七区、湖雷乡。1958 年称湖雷人民公社。1961 年设湖雷工委，辖湖雷、上湖、三堡、堂堡、莲塘公社。

① 徐元龙主修，福建地方志编纂委员会整理《永定县志》（民国），厦门大学出版社（厦门），2015，第 99 页。
② 张绪余：《凤城今昔》，载《永定文史资料》第三十二辑，2013，第 306 页。
③ 张鸣、张佑铭：《永定"圩王"——湖雷圩》，《湖雷掠影》2018 年第 2 期，第 139 页。

后改公社。1984 年复称湖雷乡。1992 年撤乡建镇。辖区东西最大距离 17 千米，南北最大距离 17.7 千米，总面积 159.7 平方千米。人口密度为每平方千米 255 人，是永定地域最广、人口最多的农业大镇，主要农作物有水稻、番薯、大豆、烤烟等，甘蔗、荸荠是下寨村的特产，烟丝生产也极负盛名。

湖雷是永定一个古老的商业重镇。峰市有"小香港"美名时，湖雷曾被誉为"小上海"。位于下湖的湖雷墟以其交易兴盛和热闹时间之长被盛赞为"墟王"，称"老虎墟"。主要原因：一是"乡脚"阔，位置适中。"离墟场一公里之处就有二十多个自然村，距县城仅 14 公里，四周乡镇抚市、陈东、堂堡、合溪、城郊都在 15 公里内，坎市、龙潭、岐岭、湖坑不过 20 公里，最远的高陂、下洋也在 30 公里内。"它的位置很好，所以吸引各乡镇有买卖赴墟需要的客商和村民前来。二是交通便利。唐天宝年间，龙岩的一条主要驿道——龙岩驿，就设在湖雷，可见湖雷已是交通枢纽之地。清末，全县货运靠水路，而主航道永定河从县东北的坎市南流，汇抚市溪于洽溪，经青坑流入湖市（今下湖村），再从湖市西南出口流经县城，直至县境南端芦下坝汇入汀江。湖市便是这条纵贯全县南北大河中游的最大码头，设有三四个泊船点。至于陆路，都有石砌大路可通，当然后来就是公路了。清末，唯一的"龙峰公路"也贯穿湖雷全境。[①] 这样的充分条件，使湖雷墟能汇集全永定五分之二的物产，成为土特产、入境海产品、日用品等货物的集散地，也成为全县的商业中心。每当农历逢五、逢十的墟天，来赴墟的人数达万人之多，年关时节甚至可达两万人，人数之多居全县墟天之首。早上七八点钟就热闹不已，直到太阳西下还久未散去，有些大商号还经营到晚上十一二点。规模之大，热闹之甚，号称"老虎墟"。

湖雷是重要的商品集散地。从水运看，不仅湖雷本地货物，周边乡镇的土特产也都汇聚到湖雷，再运往峰市芦下坝，再由人挑到广东大埔虎头沙，装大船运往潮汕一带，而盐、煤油、糖、布等再由韩江回运到湖雷后散发各乡镇。当年湖雷码头有三个泊位，墟天一般有三四十条船，每个墟周期（五

---

① 张鸣、张佑铭：《永定"圩王"——湖雷圩》，《湖雷掠影》2018 年第 2 期，第 139 页。

天）平均行驶约一百条，每月平均货运千吨，全年上万吨，营运量如此之大，因此全县木船工会都设在湖雷下街尾。陆路上，民办的龙峰汽车公司每天有6辆车在龙峰公路上行驶，运客载货，以货运为主，后来抗战时期损坏，只能靠人工挑运，有的则以独轮车代替肩挑，有些是运盐往长汀、江西，挑的是"包子盐"，每包10斤或15斤。

湖雷墟场的繁荣除交通因素外，还与当地盛产烟丝和土纸有关。

清道光、咸丰年间，随着永定条丝烟业进入繁盛时期，湖雷周边一些村子也开设烟棚（条丝烟工厂），最有名气的是石城坑、增瑞和罗陂，这是当时湖雷条丝烟产业的三大基地。

石城坑人经营的扬州烟丝店。石城坑赖氏三兄弟中的赖玉靠条丝烟发达，生意做到江西、浙江、江苏、上海，祖孙三代在江苏的扬州、镇江、六合设分店，总商号为"福星杏"。当时石城坑拥有三家大厂，其中最大的是"福星杏"，还有"福源公"和"福昌辉"。"福星杏"的老板赖杏1903年曾在江苏镇江开设"新益兴"烟号，1919年在上海设"益兴和"，在六合设"益兴昌"，1914年在江西九江开设"利生"厂，各烟商号在苏浙沪盛极一时。石城坑也办起了大大小小的烟棚，最兴旺时期刨烟工人多达五六百人。村口小摊每天都要宰两头猪，有时外加一头牛，还卖得干干净净，可见村里生产之红火。广东大埔漳溪一带方圆一二百里的烟农都挑烟叶到石城坑来卖，于是老板赖就贤就当机立断，让五弟到大埔漳溪去办烟厂，省去运费。苏区时期成立过永定的刨烟工会，工会主席由石城坑的赖通修担任。抗战时期苏浙沪一带的烟行纷纷倒闭，也使"福星杏"等烟行受损，因此而走向沉寂。①

罗陂的条丝烟业在永定烟业史上也是不可或缺的一笔。在不到四百人的村里，有60多家烟棚，从外村雇佣的工人师傅竟多达400多人，还外请了外村管理和司账。据记载，兴盛时期，全村年产条丝烟万箱左右，远销大江南北各大城市以至东南亚一些国家，常年备有七八条船专门运送条丝烟。罗陂最有名气的条丝烟牌号早期有张益茂（祥记、公记）、福永增（恭记、进记）、

---

① 赖仁基：《四海飘香出石城》，《湖雷掠影》2018年第2期，第229页。

义茂溪等，中期有永盛华、福茂添（振记、春记、和记）、积庆（标记、岳记、春记、发记）、大丰等，后期有同福昌等。罗陂条丝烟出口主要通过陆、水两条通道。陆路靠人力肩挑，从合溪到上杭、长汀，经江西瑞金、赣州再到湖南攸县，继而到长沙、湘潭等城市。水路上从村前的永定河装船，顺流到芦下坝，再到汀江、韩江到汕头，再用海运北上到上海、苏州、扬州、镇江、芜湖一带或湖北武汉等城市，西则往广州、云南贵州及南洋一带。[①]

永定土纸在湖雷也有大宗生产，淑雅、弼鄱、道仁、尺度等都生产包纸即土纸，周边乡镇生产的土纸也基本集中到湖雷各纸行进行收购、加工、外运，仅三堡、合溪每墟就各有上千片纸挑运到湖雷。一片纸重 20 斤，含 20 刀，每刀 40—50 张纸，每 4 片为一担。湖雷纸行收进纸后，要重新打包，打上商号、等级印戳，然后装船（每船载 100—120 片）运往芦下坝，再运往潮汕一带及南洋，同时又换回大宗的生活必需品，如盐、糖、布匹、大米等。

湖雷墟场自清咸丰年间初具规模后，日渐发达，到 20 世纪三四十年代，四方商贾云集，行业齐全，著名的商号有："纸行——德源怡、丰茂添、谢福记、永联庄、茂春占、祥新等十三家；布匹——南美丰、洪顺昌、广伦昌、永盛昌、大德昌、中和美、谢吉昌、李孟记、联通、新通等十几家；水果食杂——祥新、万鸿、泰丰、协记、养记、永记、永成昌、大德昌、裕升兴、锦兴嘉等十几家；中西医药——茂春堂、茂春聚、万寿堂、天一堂、乾生堂、长春堂、怀仁堂、益寿堂、保泰和、华安西药房、克明诊所等十几家；糕饼——佳芳斋、锦华斋、如春斋等；酒店——三义和、荣美和、和顺、宝和等；饮食——聚成祥、和泰等；米店——致安堂等；理发——良友等；书店——湖雷书局；染布——广太；钟表——智生、巧生；照相——巧生；打银——王海康；喇叭——三和堂；棺材——合意来；纸扎——吴观尧；客栈，光湖雷下街尾就十三家。此外，还有制酱、熏牛皮、做皮鞋、裁缝等一批拥有一定数量工人的小作坊。"[②] 同时也招不少外乡或外省客商前来设行开店。

---

① 张鸣：《湖雷罗陂烟林史话》，《湖雷掠影》2018 年第 2 期，第 234 页。
② 张鸣、张佑铭：《永定"圩王"——湖雷圩》，《湖雷掠影》2018 年第 2 期，第 143 页。

除这些大商号外，湖雷墟天的主要货物有各地土特产、竹木制品、生活用品杂货等，同时还有很著名的"牛墟"和"米墟"。墟坝东端的是"牛墟"，每墟交易的牛达到六七十头甚至上百头，大都从外地贩来，有专门的贩牛商，来回要两三天，一般每头牛可卖到四五十银圆，高的达七十银圆。詹屋坪的"米坝"是墟天交易稻米的地方，有米中人20多人，每个米中人各有盛大米的木楻七八个，还有斗升等量器，来粜米籴米的大多是周边村镇乡民，买卖时由双方议定，或由米中人仲裁，拍板后由米中人量米成交，每墟成交量达到150—200石（每石十斗）之间。

湖雷墟天的街上人流不息，各店热闹，小吃更是诱人，一到墟天，小吃摊、街道旁任其所有，芋子包、牛肉兜汤、老鼠粄、手工切面等，全面开花，香飘一街。"早嚷墟，迟散墟"的湖雷墟王历久弥新，依旧极负盛名。

峰市，永定商贸"小香港"。峰市原称"崆头"，又因为它在双峰下，所以取名曰"峰市"。明万历三年（1575）前属上杭管辖，万历四年改为上杭分县，县衙设在河头城，后移下坑"九蹬石"，直属汀州府，辖上水、下水、河头三"图"，大约和后来峰市乡辖地相同。入清后复归上杭管辖。雍正十二年（1734）始，上杭县丞驻于此。1915年裁县丞，改为上杭的一个区。1936年，奉福建省政府令，改为"特种区"，加辖来苏里和洪山，特种区直辖于第六行政督察区。1940年，又撤特种区，划归永定县管辖。1949年后改"峰市乡"。1998年9月，撤乡建镇。1999年11—12月，因建设棉花滩水电站，原来的峰市街道中心已被淹没。

峰市的经济交通地位。峰市位于闽粤边陲。多少年来，这里流传着一首家喻户晓的民谣："双峰秀丽欲耸天，一排街店半山悬。货船渡船如梭织，棉花险滩把船拦。"汀江至上杭江面开阔，水势平稳，上杭以下江面开始变窄，水势变急，特别是绕出峰市口后，则见两岸石壁耸立，河道陡窄，狭小处只10米宽，有如壶口。水流湍急，巨石峪岩星布河中，冲激飞溅的涛声如惊雷，水雾如飘絮，这就是闻名遐迩的"棉花险滩"，紧紧地封锁住汀江的出口。凡自赣南及闽西上游各县来的油、米、竹木、烟皮、土纸等大宗土特产品货船至此都必须在峰市起岸，然后肩挑十里过山，再在韩江上游的埠头——大埔石市落船，经潮、汕出口，运往海内外。而潮、汕的食盐、布匹、西药、煤油等工业品也必须经峰市过驳，上溯汀江，运至闽西及赣南等地。因此，峰市被大自然赋予了过驳口岸、闽粤经济咽喉的使命。靠广东石市的一端，有长几百米、高几十米的悬崖绝壁，挑夫、士卒、旅人路过此地，必须登石级爬上半山，绕个半圆而下。如有不慎者，瞬即有坠溺崖涧之危，遇难者难以计数。道路的险阻不仅给人民的生命财产带来损失，而且给经济繁荣造成障碍。"半山亭之路，上至峰市，下至埔属之石市。民国六年（1917），闽粤巡阅使萨上将镇冰过此，见道曲而窄，下临绝险，贩夫、走卒，在此堪虞。前后捐助银九千元，辟成大路，行旅便之。至民国廿年（1931）复辟为公路，尚未通车，抗战暂为破坏。"[①] 当年萨镇冰将军曾经为改善此路的险情贡献了不少力量，把峭壁上的羊肠险径改造成峰石岭路之后，改变了肩挑背负的辛劳，一辆辆鸡公车可载重二三百斤往来过山，人履安途，货畅其流。萨镇冰将军还在峰市的"下更楼"路旁立一石碑，并亲笔题词记述其事。民国时期，峰市增设"水上警察"，以护送汀江航行的民船。

峰市成为商品转运中心的源起——盐运的改道。南宋以前，汀州一带的食盐都由福州、漳州陆运来，称为"福盐"，主要由人力挑运，山路漫漫，费时费力，成本高，甚至还掺杂沙石，质量低劣，有些商贩从潮州水路由汀江往回运盐，路途近，降低了成本。后汀知县宋慈呈请官盐由福盐改为潮盐，正式开辟了从潮州溯韩江、汀江而上直抵汀州的运盐路线。那么可想而知，这条运输路线必然加强了峰市的商贸重要性，成了与民生相关的重要食盐集散地，而此地又偏远路险，也促使政府关注此地，加强对市集、治安的建设和治理。

峰市街市的概况。最早的上"摺滩街"，原来位于汀江摺滩东岸，分为上下街，拥有大"行店"不下 30 间，商贾大多来自上杭、长汀或赣南，主要经营油、米、豆批发，把这些汀州运来的货物再转发至永定城关、湖雷、坎市

---

① 　徐元龙主修，福建地方志编纂委员会整理《永定县志》（民国），厦门大学出版社（厦门），2015，第 487 页。

一带。还有一条是叫"河头街",在城西岸,主要是作为五天一墟的"墟场",交易当地的土特产和农产品,规模不大。后来随着峰市贸易码头的日益兴旺繁荣,街市也在扩展,包括上街、横街、三角坪、中街、九坎石、鱼湖街、拐子石面上街、拐子石面下街等八部分,全长六七百米,依山傍水而建,街形狭长,既是街市又是丞署驻地。

峰市商业的主要商品。以食盐等货物的转口贸易为主,转口贸易或叫"过载行",清末民初时,这种"行店"已达 320 多间,其中盐、木材、纸、米、豆、烟为大宗商品,还兼营些土物产或洋油等进口洋货。乾隆年间,峰市"盐馆"林立,后改为官营,民国后又改为私营。①食盐。20 世纪 20 年代,峰市有五家著名的盐号:德华承、丰兴、正昌、大源、海兴等,经营者大多是广东人。②木材行当,称为"木纲"。闽西各县出产的木材,扎成排筏,水运至此。然后又化整为零,放流过棉花滩,再至石市,后又重扎排筏,运往潮、汕以至出海。峰市有过"三大木纲"——潮州人的"三益纲",峰市人的"怀顺纲",连城人的"连需纲"。每天峰市出口的木材达一百立方米以上,为木纲服务的常年都有三四百人。③纸豆米行,以纸为主,兼营豆、米。这样的行店在 20 世纪初已有四十几家,如"广和""时和""广荣昌""福顺"等,20 世纪 20 年代后发达的有"德星隆""崇礼"等。④烟草行。出名的烟行有"隆兴昌""陈景星""孔藏源"等,除经营永定条丝烟外,还从外地购进一些烤烟与条丝烟拼配,卷成 50 支装的"仙女牌"罐头香烟。抗战期间设卷烟专卖,福建省设两个分局,一个在诏安,一个就在峰市。⑤洋油洋货的转销。⑥峰市特产陶器"副榜炉"。工艺精湛,式样雅巧,适烹茶酒,名闻海内外。可在炉壁上擦燃火柴。民国时期,"副榜炉"在全省的手工工艺展览会上曾得过特等奖。直至 1949 年前,闽粤"水客",来到峰市多要选购此炉,然后运往南洋,赠送给华侨。

峰市商业发展的黄金时代——抗战时期,曾有中国银行、农民银行、交通银行、广东银行四家银行迁至峰市,加上原福建省银行,峰市共有五家银行,自印"峰川银行"钞票,并私铸银圆。有湘赣、广东、潮安、上杭、长汀、连城等大小会馆都设于此。潮汕的巨贾以及与峰市设有联号的商行也纷纷迁往此地。一瞬间峰市变成赣南、闽西、粤东的金融中心，又是大宗货物的总集散地。双峰山上、山下，万家灯火，商店突增至四百余间。

汀江的航运事业也随之发展。据当时民船工会统计，上河船（汀江流域）500 只，下河船（在石市靠岸的韩江船只）有 800 只，所以当时峰市有句话叫"上河八百，下河成千"。峰市设有 7 个码头，每天靠岸的船只近二百，以每只船载重 4000 斤计，每天到峰市的货量达 80 万斤，堆积在岸边的油、米、豆、毛猪等，每天要 400 位码头工人搬运，要二三千人运载过山。^①

随着棉花滩水电站建成，汀江上游至此的木梭船已被新水域的 60 吨轮船替代，通贯航行于汀江全程，并每年给国家输送 16 亿度的电力。这个一度被称为"小香港"的峰市镇，已成为闽西经济的一颗明珠。

下洋，永定侨乡之镇。下洋镇过去属于金丰里。民国时期下洋先后属于第五区、第三区，又称蛟洋镇、下洋乡、下金乡。恢复乡镇建制后，下洋镇至今下辖 20 个村，分别是下洋、西山、陈正、富川、东山、北斗、觉川、思贤、东联、沿江、廖陂、三联、霞村、中川、下坪、大瑞、丹竹、上川、月流、初溪，其中下洋村是镇政府所在地。

下洋镇位于福建省龙岩市永定县东南的金丰溪下游，东与大溪乡及漳州市平和县的芦溪乡相接，南与湖山乡及广东大埔县的茶阳镇相连，北与岐岭乡接壤，素有"闽西南大门"之称。公路方面，福州三层岭线贯穿，与广东梅县、潮州、汕头相连，是闽南"金三角"和广汕梅经济开发区的腹地。全镇面积 179.5 平方千米，人口 33565 人，都讲客家方言。该镇地势东北高，西南低，以山地为主，耕地面积为 27850 亩。

下洋镇属亚热带气候，气候温和，四季常青，年平均温度 20℃，无霜期 330 天，年平均降雨量 1690 毫米，年日照数 1907 小时，东南风居多。森林资源有杉木、松木、毛竹和各种杂木，有林地 14 万亩，森林蓄积量 35 万立方米，森林覆盖率达 83%。下洋镇地处金丰溪流域，水力资源也相当丰富，

---

① 王树滋：《闽粤咽喉——永定峰市》，载《永定文史资料》第十五辑，1998，第 28—30 页。

水力蕴藏量在 3 万千瓦以上，流域面积 17 平方千米以上的溪流有 4 条。地热资源有温泉。眼点多，分布广，已开发利用的有下墟、太平、东汤、汤子阁等处。下墟温泉温度高达 70℃，流量 7 升 / 秒，pH 酸碱度在 7—8 之间。

下洋镇是福建省著名的侨乡。有海外侨胞和港澳台同胞约 7.6 万人，侨眷、侨属 5600 多户，归侨 1050 人。爱国侨领胡文虎，被慈禧太后赐封为"荣禄大夫"的胡子春，新加坡原财政部长胡赐道，台湾内政事务主管部门原负责人、中国国民党荣誉主席吴伯雄等人，祖籍均是下洋镇。与东南亚乃至世界各地的"下洋人"的密切联系是该镇重要的社会特征，归侨、侨眷及侨汇的存在是作为侨乡的下洋镇的另一社会特色。外出侨商侨民一般会寄钱赡养亲属、建屋置地，侨汇还会用到家乡的公益事业，如救济乡民、修桥筑路、支持教育等。以下洋中川古村为例，"1924 年大旱，收成很差，中川村民处于饥饿线上，为了帮助故乡亲人度过饥荒，胡重益、胡兴九、胡文虎三人，出资给村民平粜粮食。从国外购买来的粮食，经汕头运到大埔（现在茶阳），再由大埔肩挑至中川平粜。这次平粜，村民既可得到挑运粮食的优惠工钱，又可买到比市价低 30% 以上的大米。此后的大旱之年，旅外侨胞还出资平粜过几次粮食，帮助故乡亲人度过饥荒"[①]。捐资办学也是下洋华人兴办公益事业的重要内容。下洋华人捐资办学的传统始于光绪三十二年（1906），这一年胡子春共捐资 30 余万大洋，创办永定师范学堂和下洋犹兴学校，他也是下洋新学教育的开创者。民国时期，东南亚的下洋华人集资兴建了月流小学、太平小学、东洋小学、中川小学、上川小学等六所小学和侨育中学，尤其是侨育中学的建立，进一步完善了下洋乃至金丰区的初级教育体系。下洋华人捐资兴办侨育中学，特别集中体现了这一时期东南亚下洋华人与祖籍地的关系。如下洋早期的校长胡甫开就曾到新加坡和马来西亚，深得侨领胡文虎和富商胡重益、胡日皆、曾智强、曾昭周等下洋华人的支持，之后在缅甸也得到罗宏光、胡壮民等缅侨的捐助，募集到一笔可观的资金。其中胡文虎为了解决办学经费，发起成立"百万基金劝募委员会"，且以身作则，三次捐资达

---

① 《永定胡氏族谱》，2012，第 175 页。

百万元。胡文虎，永定南洋华侨之一，并捐赠大量万金油、八卦丹等药品支持抗战。

下洋镇是著名的温泉之乡。全镇地热资源丰富，形成了金丰溪畔的地热带，已开发利用的有下墟、太平、东汤、汤子阁、新墟等处，全镇有四五十家私人温泉浴、旅馆，建起了"温泉一条街"。下墟温泉高达70℃，且流量大，是祛病防病、强身健体的天然资源，也是开发旅游度假村的天赐之宝。一眼眼温泉像晶莹剔透的琥珀，如碧绿的翡翠，与潋滟粼粼的金丰溪交相辉映，流光溢彩，把侨乡大地烘托得珠光宝气、婀娜多姿。"下洋好地方，日日有洗汤，讲到要调走，全身就发痒。"这一诙谐而真实的俗谚，道出了人们内心几百年来的真切感受与温泉情结。

下洋镇是著名的美食之乡。这里的风味小吃林林总总，而历史悠久、独树一帜的有"三大美食"：以闻名遐迩的"牛肉丸"为龙头的"牛系列"，形成了"柔韧、松爽、鲜香"的独特风味；因形似米老鼠而得名的"老鼠粄"，莹洁如玉、细腻滑爽；博采众长、秘方创制的"下洋发粄"，甜而不腻、韧而不坚、醇香爽口。清代宰相吴梁任永定知县时，对下洋美食情有独钟、爱不释手。爱国侨领胡文虎先生把"三大美食"与饺子、臭风腌菜（是当地人对臭腌菜的一种叫法）并称为"故乡最好吃的东西"。

下洋镇是全国著名的福建土楼之乡和旅游胜地。在永定福建土楼申报世界文化遗产的"三楼三群"中，下洋初溪福建土楼群和霞村永康楼为申报代表群点之一。可以说，永定福建土楼的典范之作，下洋三分其一。初溪福建土楼群、霞村月流福建土楼群、中川福建土楼古村落构成了下洋福建土楼之旅、文化之旅、生态之旅的三张王牌。初溪福建土楼群气势雄浑，参差错落，古朴优雅，恍如人间童话，被誉为"中国最美丽的福建土楼群"，也是知名度最高的福建土楼群，现存最古老的圆形福建土楼集庆楼已开辟为"客家民俗博物馆"，每天迎来大量中外游客。永定中川古村落，建村有近600年历史，与广东接邻，和下洋镇仅差几里路。中川曾经是广东商人到下洋集镇的必经之地，自然风光秀丽，建筑独特，古朴厚重，除客家福建土楼如富紫楼外，还有具有西洋建筑色彩的虎豹别墅。一条溪流穿梭村中，有15座小桥飞架于其上。中川侨商多，从事商业的居民也较多，村里集镇也曾是很热闹的地方，至今都还有古街的商业文化痕迹：老店分布于溪两岸，家家木楼花窗，灯笼垂挂，小桥流水。由于中川古村落有 20000 多侨民，10 倍于在家住户，在不同时期都有礼物带回村里，因此华侨物资遍及生活的方方面面。这里民风淳朴，家族兴旺，而且重学重教，文化底蕴深厚，人杰地灵，涌现出以著名侨领胡文虎、画家胡一川为代表的各界人才。

湖坑，永定客家土楼之乡。 湖坑位于永定县东南部，东与古竹乡、高头乡、南靖县书洋乡相连，东南与平和县的芦溪乡接壤，西与大溪乡毗邻，北与陈东乡相靠，距县城 24 千米。明、清时属金丰里。民国时设中金区、第四区，并区后称南丰乡，属第三区，后称丰泰乡、中金乡。1949 年 10 月后称南溪区、上金区、第三区。1957 年称湖坑乡。1958 年称湖坑人民公社。1984 年复称湖坑乡，辖湖坑、五黄、洋多、新南、南中、南江、实佳、吴银、洪坑、奥杳、山下、新街、西片、六联、吴屋、楼下、太联、大溪、三堂、坑头、联和、莒溪、湖背、黄龙等 24 个村委会。1987 年 7 月，太联、大溪、三堂、坑头、联和、莒溪、湖背、黄龙等 8 个村从湖坑划出，另设大溪乡。湖坑乡辖 16 个村委会，1993 年撤乡建镇，管辖村数不变。

湖坑镇是世界文化遗产——福建土楼所在的重点乡镇、省级历史文化镇、全国首批特色景观旅游名镇、福建土楼旅游的重要枢纽和集散中心。

永定县内各乡村都有土楼，少则三五座，多则几十座甚至上百座。土楼的建筑年代有早有晚，规模不一、形态各异。其中最著名的振成楼（被称为"福建土楼王子"）、环极楼、衍香楼、如升楼、振福楼、日应楼以及洪坑福建土楼群、南溪福建土楼群都在湖坑镇。

洪坑福建土楼群，是聚集了古代汉族劳动人民超绝智慧的古建筑。建于不同时代、形态各异、规模不一的福建客家土楼以及林氏宗祠、寺庙、学堂，沿溪而建，错落有致，布局合理，与青山、绿水、村道、小桥、田园完美结合，融为一体。洪坑村福建土楼为林氏民居，现有建于公元 16 世纪中期至现代的圆形福建土楼、方形福建土楼、宫殿式福建土楼、五凤式福建土楼、府第式福建土楼等各种类型福建土楼 36 座，为汉族传统的生土民居建筑艺术和传统文化提供了特殊的见证。"福建土楼王子——振成楼""宫殿式建筑——奎聚楼""府第式建筑——福裕楼"是洪坑福建土楼群的杰出代表，被列为全国重点文物保护单位，其中"福建土楼王子"振成楼因其按八卦原理设计的建筑奇观和楼内富有客家特色的文化奇观，得到了海内外众多专家学者及游人的青睐。

还有南江村，东西两侧山脉连绵、山峦重叠，整个地势南高北低，一湾溪水潺潺流过，形成两山夹一沟的河谷盆地。这里树木青翠、溪流环村，水稻梯田与古色古香的福建土楼相辉映。据了解，明崇祯年间江氏添满公在南江开基立业，开枝散叶后建造福建土楼居住，形成现在的南江村，村落在此延绵 600 多年。南江村面积只有 5.5 平方千米，这里民居、祠堂、书屋、古井等一应俱全，客家古村落的风韵尽显。村内有 23 座福建土楼，包括正方楼、长方楼、圆形楼、八卦楼和土箕形楼，建筑形态各异，风格兼容并蓄。在南江村何山应顶的观景台上俯瞰南江全景，方的、圆的福建土楼沿着蜿蜒清澈的南溪一字排开，好似一条狭长的玉带飘在山峦中。南江福建土楼依山就势，布局合理，吸收了中国传统建筑规划的"风水"理念，适应聚族而居的生活和防御要求，巧妙地利用了山间狭小平地，用当地原生建筑材料和传统建筑技术，形成一种独特的、自成体系的建筑形式。南江村的福建土楼很多是以"庆"字命名，如咸庆楼、余庆楼、环庆楼、天庆楼和兴庆楼等，象征和睦团结。楼名还有振阳楼、福兴楼、经训楼、天一楼、东成楼等，颇具文化内涵。

从福建土楼之乡湖坑，我们可以发现两个特点：一是建筑材料，可见其材料经济的特点。即以当地较为廉价的黄土和竹木为主要建筑材料，是山区商业经济欠发达的结果，也反映了客家人的生存智慧，就地取材，灵活创新。二是我们发现福建土楼的兴起和发展，与地方经济状况密切相关。永定建县后，社会较为稳定，科举入仕的人数增加，特别是清康乾年间，永定福建土楼得以大量建造，这和全县广种烟草，所产的条丝烟及烟刀有密切的关系。湖坑不仅是种烟草的主要产地，也是最发达的烟丝加工、烟刀制造之地。从振成楼的建成历史就可见一斑，楼主正是著名烟刀"日升牌"的创始人林在亭。"日升牌"烟刀几乎垄断了全国烟刀市场，林家也成为豪富，于清光绪六年（1880）建了福裕楼。后代林仁山也是在前辈基础上靠烟刀生意拥有了资产，于光绪二十八年（1902）建日新学堂（初为私塾）。宣统元年（1909）准备筹建振成楼，由于种种原因没能完成，后到民国由其子鸿超（又名"开敏"）接管财力后，召集家族分六份集资兴建而成。虽然集资中有各种来源的资金，但烟刀生意积累的资金肯定是占大份额。

如今，福建土楼是资源也是品牌，全县现存 2 万多座福建土楼蕴藏着挖不完的"金矿"。永定福建土楼逐步蜚声海内外。慕名来参观福建土楼的游客越来越多，永定人也明白了旅游是无烟产业的道理，着力改造旅游交通硬环境，推出了洪坑民俗文化村、南溪福建土楼群等景点，以福建土楼为龙头的旅游业蓬勃兴起，每年接待游客上百万人。旅游业兴而百业旺。有形的福建土楼让永定人沾了祖先的光，但他们现在更看中的是福建土楼无形的品牌效应。在政府引导下，精明的农民开发了红柿、菜干、蘑菇、野菜等一系列以"福建土楼"为品牌的农副产品。

抚市，交通古驿、条丝烟之乡。抚市镇位于县境东北部、博平岭山脉东南端。东接龙潭镇，南连古竹乡、陈东乡，西与湖雷镇毗邻，北与坎市镇、培丰镇相连，距县城 22.9 千米。古时，以巫姓住民依溪而居，称"巫溪"，方言谐音称"抚溪"。随着人口增加和集市的建立，又称"抚市"。民国以前属丰田里。民国时称社前联保，属第七区，并区后属第二区。1942 年称抚市镇，属中丰乡。1949 年 10 月后称抚溪区、龙溪区、第四区。1956 年 6 月改称抚市乡。1958 年称抚市人民公社。1984 年复称抚市乡。1992 年 10 月撤乡建镇。2011 年末辖社前、里兴、抚溪、桥河、五联、鹊坪、华丰、龙川、五湖、东安、中湖、基安、溪联、贝溪、协兴、中在、新民等 17 个村。

抚市曾是永定陆路和水路交通的重要驿站。"县东北通漳州路。由东门出，经箭滩、罗滩、湖雷，绕龙窟麻公前、抚市东溪、上寨、龙潭、铜锣坪、岭下至清风凹,统计一百里。再由清风凹出县境而达漳州。"①"永定溪之船由抚市、坎市,行经青坑、湖雷、永定,沿途运货至芦下坝起卸,转运至埔北虎市,改舟经大埔、潮汕而出海。船户向有二百余。近二十年来,抚市出口烟丝改用邮运,由湖市至抚市之货改用肩挑,船户已减少。所载重量,春可二千斤,冬可一千五百斤;上驶,春可一千五百斤,冬可千斤。其顺流日期,自坎市、抚市至炉下坝,约日半可达;上驶约须三日。"②至今抚市古道石路依稀可见,古码头在"巫溪"河畔闪现当年繁华的景象。昔日烟草运输一般走水路,在长达3000米的抚溪河畔依防洪堤建的8座河运码头(广兴茂大烟号码头,善庆楼的嫦娥厂大烟号有两个码头,及万祥大烟号码头、万春全大烟号码头、永豪楼的长茂厂大烟号码头、永隆昌大烟号码头、龙颈敦码头)现还依稀可见。河堤的防洪作用至今犹存,而码头的航运作用早已不复存在,但它见证了当年条丝烟生意的繁荣景象。

抚市是重要的烟丝业兴盛乡。"邑之商业,自道光以后,生齿日繁,产烟渐多,制造皮丝运往各省,销路甚广。在外省设肆以营此业者,多成富翁。以丰田为最夥。今烟丝滞销,烟厂多歇业者。金丰里之民,多往南洋各埠营业,其居积之多,有至百万、千万者。丰田之民,近亦颇有出洋者,殆亦富于冒险性而又具有进取之精神,故渡重洋如游门庭,而能致富欤?"③丰田之民即以抚市乡民为主,据《永定县志》记载,抚市烟丝生产历史悠久且创业成功者为数不少。全县每年条丝烟出口达五六万笼,一笼按45公斤算,就有300万公斤左右,约值200万银圆,其中抚市就占五分之一的份额,因烟而得的经济收入每年40万—50万银圆。从清乾隆到民国年间,开办烟棚(厂)而获利10万银圆以上的大烟号就有31家(见下表,未列完)。

---

① 徐元龙主修,福建地方志编纂委员会整理《永定县志》(民国),厦门大学出版社(厦门),2015,第488页。

② 徐元龙主修,福建地方志编纂委员会整理《永定县志》(民国),厦门大学出版社(厦门),2015,第488页。

③ 徐元龙主修,福建地方志编纂委员会整理《永定县志》(民国),厦门大学出版社(厦门),2015,第377页。

表 3-2　抚溪镇在海内经营条丝烟的大户商号简况表 [①]

序号	所在村名（或现在村名）	烟号名牌	创始人或继承人	经营所在地	鼎盛时期经营资本	年平均盈利（银圆）	建造福建土楼名称或捐建公司事业
1	抚市镇桥村（今抚溪村）	泗隆行	黄启宏 黄恒球	汕头、潮州	清乾隆至道光年间，40 万银圆（估计曾经营银票）	5 万	兴建三堂屋式森玉楼于甲华村
2	抚市镇桥村（今新民村）	骏隆行	黄恒惠 黄定锦	重庆、巴县 长沙、湘潭	清嘉庆至光绪年间，20 万银圆	2 万	兴建崇福楼于坝心村
3	抚市镇桥村（今新民村）	长茂厂	黄永赓 黄永豪	长沙、湘潭、浏阳	清嘉庆至光绪年间，65 万银圆	9 万	兴建府第式高 6 层的永豪楼，独资捐建永邑烤棚，兴建崇志文馆于抚溪桥村
4	抚市镇桥村（今新民村）	永隆昌	黄万斗 黄万才 黄万鹏 黄万献	长沙、湘潭、浏阳、南昌、九江、上海、南京、杭州、温州	清道光至民国年间，100 万银圆	18 万	兴建永隆昌楼群福盛楼、福善楼及临江文馆，捐建永邑东门大桥、重建崇志文馆
5	抚市镇桥村（今抚溪村）	美玉濂	黄万濂 黄定功	长沙、湘潭	清道光至光绪年间，20 万银圆	2 万	修缮怀珠老楼于坝角村
6	抚市镇桥村（今抚溪村）	福昌观	黄定铿 黄泰垣 黄开育	长沙、湘潭、重庆、贵州、贵定	清同治至民国年间，20 万银圆	2 万	修缮福昌观

① 江太新、苏金玉：《永定烟业与土楼》，载《多学科视野中的客家文化》，福建人民出版社（福州），2007，第 248—253 页。

续表

序号	所在村名（或现在村名）	烟号名牌	创始人或继承人	经营所在地	鼎盛时期经营资本	年平均盈利（银圆）	建造福建土楼名称或捐建公司事业
7	抚市镇桥村（今抚溪村）	裕兴行	黄定昌黄泰睦（友山）	长沙、湘潭、重庆、成都	清同治至民国年间，20万银圆	2万	修缮怀珠新楼于坝角村
8	抚市镇井头村（今新民村）	厚昌号	黄兰开黄炳无黄杏良	南京、六合	清道光至光绪年间，20万银圆	2万	于大坪学堂背购建民居庭院一座
9	抚市镇社前村	庚兴号	赖庚申	宁都、赣州、瑞金	清乾隆至同治年间，65万银圆	9万	兴建三堂二落开天井式庚兴楼一座于社前村，在江西宁都独资捐建石拱桥一座
10	抚市镇社前村	嫦娥厂	赖麟亭	长沙、湘潭	清嘉庆至同治年间，30万银圆	3万	兴建府第式善庆大楼一座于社前村头
11	抚市镇社前村	仁和恩	赖思贵赖成贵	长沙、湘潭	清嘉庆至咸丰年间，30万银圆	3万	兴建府第式仁和恩大楼一座
12	抚市镇社前村	永盛典	赖礼彬	长沙、湘潭	清道光至光绪年间，20万银圆	2万	兴建永盛典鸳鸯式双合楼一座
13	抚市镇社前村	万春全	赖玉堂	上海、南京、苏州、无锡	清道光至光绪年间，40万银圆	5万	兴建永昌楼一座，捐建抚溪木质大桥一座
14	抚市镇社前村	及万祥	赖东山	长沙、湘潭	清道光至光绪年间，30万银圆	3万	兴建三堂屋式和集楼一座
15	抚市镇社前村	天生德	赖德兴赖道兴	上海、南京	清咸丰至民国年间，60万银圆	8万	修缮府第式善庆楼一座
16	抚市镇社前村	德隆建	赖垣雍赖南雍	长沙、衡阳、重庆、巴县	清咸丰至民国年间，30万银圆	3万	修建德隆建府第式贻兴楼一座

续表

序号	所在村名（或现在村名）	烟号名牌	创始人或继承人	经营所在地	鼎盛时期经营资本	年平均盈利（银圆）	建造福建土楼名称或捐建公司事业
17	抚市镇社前村	如兰桥	赖凤桥	长沙、衡阳、湘潭	清咸丰至民国年间，30 万银圆	3 万	修缮府第式雅文楼
18	抚市镇社前村	广兴茂	赖硕雍 赖继雍	长沙、湘潭	清咸丰至民国年间，10 万银圆	3 万	兴建府第式仁和恩大楼一座
19	抚市镇社前村	广昌泰	赖泰辉	长沙、湘潭、广州、汕头	清同治至民国年间，40 万银圆（后曾经营银票）	5 万	兴建三堂屋式的崇盛楼于社前村
20	抚市镇中寨村	隆兴万	苏德顺 苏德兴	汉口、黄陂街有两间大烟店	清道光至民国年间，50 万银圆	6 万	兴建隆兴万鸳鸯式双合楼一座于中寨村
21	抚市镇中寨村	隆兴贵	苏德顺 苏德兴	汉口汉正街有十间店，其中三间经营烟号销售条丝烟	清光绪至抗战时期，30 万银圆	3 万	兴建隆兴万鸳鸯式双合楼一座于中寨村
22	抚市镇中寨村	元茂兰	苏德仁 苏德义 苏谷哉	长沙有烟店，兼营苎麻生意	清咸丰至民国年间，30 万银圆	3 万	兴建元茂兰的府第式双德楼一座
23	抚市镇中寨村	绵远堂	苏绵寿	南京、上海	清咸丰至民国年间，10 万银圆	1 万	修缮绵远堂大楼，建造凉亭等公益事业

资料来源：

黄慕农、黄刚：《清朝与民国时期抚市条丝烟的制作和经济效益》，载永定县政协文史资料委员会编《永定文史资料》第二十辑

　　从表格中列出的 23 家烟号我们可以看出，23 家烟号主要来自抚市三大宗族黄姓、赖姓、苏姓。抚市历史上经营持续时间最久的烟号是永隆昌，大约 100 年，而经营时间短的烟号不过二三十年。这些烟号在不同的历史时期

各领风骚，鼎盛时期的资本额都在 10 万银圆以上，所有商号的资本平均有 30 万银圆，但是这些资金量基本上只存于一代人之手，未见后来人有继续扩大资本规模。

永定条丝烟不但占据国内市场，且早已迈出重洋。赖庚兴是拓展条丝烟海外市场的第一人，他也曾是永定首富，发财后力行善举，闽浙总督赵督台曾嘉奖他一块"为善最乐"的大牌匾。许多烟商发财后，不忘为家乡培养人才，如抚市的永隆昌烟庄在家乡建"崇智馆""凌江馆"，社前村大多数烟号均有建私塾、办学堂。

抚市的福建土楼规模较大，主要是靠先辈们在家种植烟叶制成条丝烟到外地贩卖，发财之后回家乡建造的，所以许多福建土楼都冠以烟号、商号之名，如天生德、庚兴楼、万祥、广昌泰都以烟号或名牌命名，楼里一般都有烟棚与打烟叶及晒烟用的广阔门坪。在抚市经营条丝烟的大户中，重新兴建福建土楼者就有 20 户，还有几户则重新修缮了自家福建土楼，其中最为出名的有抚市新民村的永隆昌、永豪楼和社前村的庚兴楼。

永隆昌。府第式方楼建筑，坐落在永定县抚市镇新民村，坐南朝北，占地约 8000 平方米。"永隆昌"原是商行号，该楼是由楼主黄万斗、黄万才、黄万鹏三兄弟在湖南、广东等地开条丝烟商行发财后出资兴建的，为纪念他们的父亲黄永昌，故以"永隆昌"命名。据抚市《黄氏族谱》记载："十三世黄宠斋，子五，于道光十一年（1831）辛卯岁二月初八日在抚溪桥村（今新民村）大洋塅上塅建造五福楼，主楼高 6 层，坐南朝北，并右片烟棚一所，统计四百余间。道光十八年（1838）戊戌岁十一月十五日丑时进宅入火（此为行迁居仪式），越十余载始臻完备。门首砌堤，左至园塅，右至榕树头下，基础巩固，厥工颇巨。"① 这座历时 7 年建成的福建土楼规模很大，该楼中轴线自西而东依次为：外大门、前院坪、内院、高 6 层的老楼（福盛楼）、老楼后门、中院坪、高 5 层的新楼（福善楼）、后院坪。四周围墙把老楼和新楼围

---

① 江太新、苏金玉：《永定烟业与土楼》，载《多学科视野中的客家文化》，福建人民出版社（福州），2007，第 248—253 页。

成一个整体。纵向两侧为 2 层或 3 层不等的横楼。全楼共有 92 个厅堂、624 个房间、144 道楼梯、7 口水井（人称七星映月）、8 个门坪。老楼、新楼、横楼周围共有通往楼外的大小门 16 个。院落还有一座生产、销售条丝烟时财务人员使用的高 2 层、面阔 3 间、进深 3 间、砖木结构的楼，前向单层，后向两层，中为天井，俗称账房楼。由此可见当年该楼加工、销售条丝烟的生意何等兴旺。

永豪楼。永豪楼真正的楼名为"五福楼"，是一座"五凤楼"，由抚市黄姓十三世宠斋的儿子建成，至今有两百多年历史。据抚市《黄氏族谱》记载，十三世祖黄宠斋一生务农为业，生有 5 个儿子，依次取名为永赓、永豪、永桂、永聚和永歧。黄永赓成年之时，正赶上永定条丝烟风靡大江南北的大好时机。为了发家致富，他和老二黄永豪商量后决定，由他只身前往湖南、云南和广西等地开拓市场，销售条丝烟，家中诸事则由老二黄永豪统管，兄弟们分工明确，配合默契，加上年轻人肯动脑筋，经营有方，几年后，家道便渐渐殷实起来。客家人都有一个共同的特点，那就是富裕起来之后，当务之急便是买田建房添置"恒产"。黄氏兄弟也不例外，他们决定盖楼。传说建造永豪楼花了几千担银子。这座占地 10360 平方米的福建土楼，从开工到全部装修完成，一共持续了 18 年。楼主曾专门请人取了个很有内涵的名称叫"五福楼"，寓意五兄弟一齐幸福，但村中老少都先入为主，因此仍习惯地称之为永豪楼。楼外正是抚市的码头，这些码头使用了近一百年，当年每天往来这里的商船无数，家乡的土烟、黄麻等被运往广东等地，而洋油、火柴等日常用品被源源不断地运回来。

庚兴楼。此楼位于社前村，是赖奎旺所建。赖奎旺（1740—1811），字庚兴，抚市社前人，嘉庆二年（1797）贡生。赖奎旺是条丝烟商，嘉庆年间被誉为永定首富。他一生力行善事，嘉庆年间邑令霍大光为他建造金砂凉亭，树碑并奖励"龙冈硕望"匾，道光年间制宪赵慎畛奖给他"为善最乐"匾。道光四年（1824）修编的《武宁县志》专门为他立传，详细登载了他的事迹。赖奎旺 18 岁踏入商途，经营条丝烟 50 余载。起初，做学徒，跋山涉水，长途贩运；继设烟店，坐商与行商结合；再开作坊，加工与营销一条龙。烟店遍布四川、湖南、江西和海外。他把家乡作为烟草基地，主要加工均在家乡完成；把宁都作为营销中心和物流中心，坐镇指挥。生意规模宏大，因此乡里有歌谣，"庚兴楼内作坊多，日出条丝用船拖"，"三天两日大进出，三江生意南洋福"。因其制作条丝烟的选料精良，烟味香醇，品质上佳，以及精工细作，运用独特的配料技术，实行分等级管理，采用不同等级的烟实行不同配方和不同定价等措施，经营有道，所以生意红火，获利颇丰。他在烟商中被津津乐道的有两件事，一是创立"利"字号商标，二是创"乌丝烟"新品种。赖奎旺跟随乡人长途贩运烟叶与烟丝，发现瑞金是闽西入赣的第一站，因此他在瑞金开设了一家烟店，取名为"利"字号烟铺。后来随着生意不断扩大，他把营运中心设在宁都城内，并在各地设了分店，统一使用"利"字号商标，在每包烟丝上都印上"利"字。

赖奎旺一生乐于助人，回报社会。他的一生所行善事不胜枚举，如独资建造抚溪乡洽溪茶亭、金砂园坝里的石拱桥和茶亭、东关外崇圣殿；修建天后宫拜亭，并重修东城外义冢；砌筑西城外官路数十丈，改修三层岭山路二十余里；在这期间又捐资建东华山关帝庙、岐岭石桥等；在经商地点江西分宁又独资建造永济石拱桥、茶亭和在湖广九宫山建石坊、塑神像等。还有平时对乡亲梓叔的扶贫、救急、济困等。他在临死前对儿子们说："吾以贾所余财，为利济资，不为尔曹积金也。倘能引予未竟之绪而不怠，即贤子孙。"[①]

庚兴楼是赖奎旺在乾隆时建造的，占地 20 亩，位于抚市大洋段抚溪河畔。外门不大，为圆弧形顶，东通往抚溪河畔，西连天后宫大路。进门便是一个半月形的大坪，全部采用河卵石铺砌。因围墙圈成半月形的，所以称为"半月坪"，半月坪的主要功能是晒烟。大坪角边有一眼温泉突突外冒，被称为"片月泉"，水温最高可达 50℃—60℃，大人、小孩都喜欢在那里泡脚洗浴消除疲劳。如今温泉已失，但时常会在门坪的其他地方突冒冷泉，数日后又消失无踪。

第二重门是进入各功能区的通路门。门的两旁各建一间门房，俗称"太

---

① 徐建国主编《永定名人故居》，2009，第 89—91 页。

子栏"，为职守者居住。进入二道门，是一个长方形的门坪，由卵石铺砌，宽广阔大，四周皆有建筑物。北边门房后建"月亭"，亭内有石泉、石凳，闲暇之时可弹琴下棋、饮茶赏月，无比休闲。紧连月亭靠围墙有一排单层建筑，有卫生间、马厩等。南边门房后挖"河池"，养鱼种藕，赏心悦目，一派江南庭院之风。池边靠围墙还建有一套两间的账房，相连的是库房，库房又与作坊相连。大门前的庭院因年久失修，大部分已经倒塌，但是仍然依稀可辨当年设计的匠心。

第三重门是"同"字形主体建筑的大门，并排开设有五道门。主体建筑由门楼、迎宾楼和主楼组成。门楼高约6米，为单层厅式门庭回廊结构，开设三门，由屏风隔成三个门楼厅，各设屏门通隔。中门和楼厅与迎宾楼、"口"字形主楼前后厅形成一条直线，径深120米。左右门用于日常通行，与回廊相连。"同"字形建筑周边有石砌通道，并各设一门。北边门通生活设施区，内有厕所、浴室、杂物间、碓房等；南边门通加工作坊区与学堂，南北通道皆可通达后花园，花园中种植有四时水果和四季花草。

第四重门设在迎宾楼后，该楼称为中厅，楼名为"俾尔堂"，是迎宾接客的场所，也是全楼的正厅。正厅敞口，后墙为巨大的雕刻屏风门，屏风后面开设大门。"俾尔堂"牌匾高悬在屏风顶部，直接屋顶，下悬挂"为善最乐"匾，屏风后面是通道。迎宾楼高约8米，单层结构，犹如庭阁。前后皆天井，用河石铺砌。楼前天井宽阔整洁，楼后天井别开生面，有花台花架，并有一口圆井。左右原本是回廊，后来堵断回廊连体建造了三层背开间，也曾改做烤房。

第五重门为"见宾楼"楼门，坐申向寅，有楼联为："见龙呈瑞色，宾楼喜气新"。主楼方形，中间开天井，四周各有四个房间，前后各有一厅，底层后厅设有土地神位，后楼两边各有楼梯间，楼梯下开设边门与生活设施区及加工作坊区连通。二楼角间建一座锡铸储油罐，与底层储油缸相通，供应全楼食用油。主楼4层半，高16米，共有64个房间，8个厅，10座楼梯，三道门，天井用卵石铺砌，有水井1口。楼门通中厅，主楼门厅有雕刻屏风隔扇，屏后是天井通道，边门通卫生间与作坊。楼后是花园，南面学堂与后花园相连。该楼建有地下室，室内有石制凳、桌、床，还有一个锡铸储油罐和储备粮库、银库，以备危难之需。①

从庚兴楼之宏伟气势，可见其主人当年从条烟丝产业所获取财力之丰厚，但此楼如今已破损严重。作为永定烟草业兴旺时期名商代表的故居，应该得到更好的保护和修复。

坎市镇，永定资源丰富人文荟萃的交通重镇。 永定坎市先民始居于河头上，后砌河堤，以堤似坎，河类川，名为"坎头""云川"。位于区境东北部、永定河上游。东接培丰镇，东南与抚市镇相连，西南与湖雷镇、堂堡乡相靠，北与高陂镇毗邻。明成化六年（1470）置镇，至今已有530多年历史，是永定河水运的起点，也是高陂、抚市、湖雷、堂堡等地的物资集散地，属闽西商业、交通重镇之一。由于地位适中，集市日益繁荣，又称"坎市"。

矿藏及其他自然资源丰富。主要有煤、石灰岩、秀山玉、锰、铁、铝土、耐火土、铅锌矿、高岭土、瓷土等。已探明煤炭储量0.4亿吨，石灰岩储量0.2亿吨，秀山玉100万吨，铁矿210万吨。林地面积6.8万亩，有红豆杉等珍稀植物。

坎市在明清时期属太平里。民国时称第十一区、第四区、坎市联保。第二次国内革命战争时期属第九区苏、坎市区苏，区署在坎市老街"德豫翔"店。1930年合并为太平区。1940年改设镇。1942年称人和乡、佛坎乡。1947年又改镇，镇公所设在坎市天后宫。1949年10月后设培坎区，后改第五区。1956年并高陂、坎市为坎市区。1958年先称乡，后改坎市人民公社。1961年设坎市工委，辖坎市、高陂、虎岗、灌洋、田地、培丰等6个公社。1983年4月，文溪东从文溪分出，设村委会。1984年5月改称坎市镇，辖坎市街居委会和秀山、文馆、清溪、新罗、浮山、文溪东、文溪、大排、洪源、长流、孔夫、东中、丰田、岭东、上和等15个村委会。1989年3月洽溪从新罗分出，设村委会。1993年，培丰划出设乡。坎市镇辖坎市街1个居委会和秀山、文馆、清溪、新罗、浮山、洽溪6个村委会。人口三万多，是人口

---

① 《赖奎旺故居》，载《永定名人故居》。

密集、交通发达、经济繁荣的重镇。[①]

坎市镇内有两条主溪，一条是发源于田地竹子炉的培丰溪，一条是发源于虎岗笔架山的高陂溪，汇合入永定河。唐代以来，坎市交通运输以水运为主。水车潭、杨屋角、浮山、清溪、洽溪等沿河村民均以撑船为业。明清时期，坎市常年有百余艘木船聚集于"百子过桥"码头，装运发货，百舸争流。"朱栏画舫映清流，明月中宵景更幽；两岸人家沽酒肆，一川灯火钓鱼舟"，是当时坎市水运繁荣的真实写照。

坎市历史悠久，民居建筑奇特，尤以方形福建土楼最具特色。据调查，坎市有大小福建土楼838座。"位于坎市镇坎市街中溪园片福建土楼群，由新生楼、庆丰楼、炎汉楼、大楼下、业兴楼、望辰楼、笔架楼、工匠楼等8幢大福建土楼组成，共占地十余万平方米。建楼者为卢星拱。他在清康熙、雍正、乾隆年间因经营条丝烟、海产、棉花等发迹而富甲一方，拥有良田千顷，遍及永定太平、丰田、溪南、胜运。8幢大楼于乾隆初年同期动工，历时18年竣工。竣工后，卢星拱将业兴楼给进士出身的第五子莘亭居住，以后又将工匠楼归莘亭的后裔所有，其余6幢大福建土楼分别由另外6个儿子继承。该楼群位于高陂溪和培丰溪之间的溪滩上。利用溪滩建筑福建土楼，必然会碰到许多建筑技术上的难题，但是这些难题都被建筑师们一一解决。大楼土墙底宽1米，墙体用田底的泥土配上适量的沙石和熟石灰夯成，用竹片和杉树枝作墙骨，增强了韧性和拉力，坚固耐久。福建土楼群向外的通道均以河卵石铺成，宽3米，中间有直线路心，颇为美观。大门前有水圳环绕，水流清澈，可供居民浣洗。该楼群建成200多年来，虽然历经无数风雨侵蚀及地震、洪灾，但所有楼体依然完好无损。"[②]

单座土楼以坎市街的"业兴楼"最为有名。中国社会科学院1987年出版的《中国文化辞典》，称业兴楼是"客家方形福建土楼的典型代表"，"它聚族而居，造型雄伟，工程坚实，虽经三百年风雨，犹自屹立如新"。业兴楼属

---

① 永定县坎市镇人民政府编《永定坎市镇志》，内部出版，2003，第25页。

② 永定县地方志编纂委员会编《永定客家土楼志》，方志出版社（北京），2009，第70页。

"三堂两横"的五凤楼。"三堂"即前厅、大厅、中厅；"两横"为东西两侧的横楼、横屋各一对。南侧有私塾学堂及塾师住房。中厅之后为正楼，为5层住房。左右两横为4座横楼。全楼占地1万余平方米，建筑错落有致、巍峨庄重。前厅、中厅为穿堂，大厅为议事、会客、红白喜事礼仪的场所，全部厅堂可容千余人站立而不见拥挤。全楼150余个房间，4个外门，32个内门，梁、柱、窗棂、屏风等处雕有龙凤、神仙、鱼虫花鸟、飞禽走兽等，花样繁多、镂刻工细，宛如一座艺术宝库。

坎市街福三线左侧的葆善堂，建于乾隆年间，是典型的"五凤楼"，外表像一把太师椅，靠山傍水，高低有序，层次分明，左右对称，既分又连。中为3间大厅，厅后为5层的起居室，厅堂、正楼两侧，对称排两列横楼。全楼除天井、水井外，共5个大厅、12个小厅和68间房间。膳厅、厨房、小客厅、寝室、谷仓、碓房、卫生间一应俱全。

坎市有历史名胜古迹21处。建于明成化初年的玄帝宫，居于永定河上游右畔，前有天子岽紫，后有石螺崎崇，河纳悠湾、灌洋之水，流向悬崖深渊险峡。始建于明代的五显庙，占地千余平方米，庙内描有花鸟、龙凤、八仙等壁画、碑刻，虽经岁月沧桑，至今仍保存完整。而位于新罗村的水晶宫，亦是明代建筑，三座古色古香的宫殿式建筑，均立于怪石嶙峋的岩石之上、参天绿荫之中，蜿蜒环绕的梯级石径穿于其间，山色旖旎，云雾缭绕，宛如人间仙境。

此外，位于坎市老街尾处的天后宫（供奉妈祖娘娘），宫内设有戏台。宫内两根巨石龙柱，工艺精湛，艺术价值极高。始建于明初的莲华堂、三官堂、园觉山、观音阁等也极为有名。明熹宗天启年间，为纪念南宋名臣礼部尚书邹应龙而建的邹公庙等古迹也颇具特色。

被福建省文化厅编入《八闽祠堂大全》的荣陂祖祠，目前保存最为完好，亦有500多年历史。荣陂祖祠又称"上下祠"，占地8000平方米，后裔繁衍万丁之众。

坎市人文荟萃，古代有"四代五翰林，独中青坑"之美名，现有"院士之乡"的盛名。例如中国科学院院士卢嘉锡、卢衍豪，还有卢佩章一家五位科学家，此外还有新罗村的烟商首富张化初、浮村的烤烟创始人卢屏民等人，均出自坎市。

第三节　海上丝路与福建土楼客家经济网络

海上丝绸之路形成于秦汉，发展于三国隋朝，繁荣于唐宋，转变于明清时期，是已知的最为古老的海上航线之一，是古代中国与外国交通贸易和文化交往的重要海上通道。客家人虽然主要聚居于粤闽赣三省交界的山区，但自唐宋以来，却与海上丝绸之路有着千丝万缕的联系，是海上丝绸之路的重要参与者和建设者。海外和我国港澳台的客家人已近千万，百分之八十分布于海上丝绸之路上的国家和地区，其中印度尼西亚有300万人，马来西亚地区有100万人，我国香港和澳门有60万人，我国台湾地区有400万人。福建闽西南是客家人的聚集区之一，是客家祖地。历史上，一批批客家人下南洋创业发展，客家文化也随之播衍世界各地，特别是海上丝绸之路上的东南亚国家和地区，成为海外客家人最集中的聚居地。据不完全统计，全球有规模化资产的客属企业约30万家，涌现了以著名侨领胡文虎为代表的客商群体。"客商"是指全世界的客籍商人、实业家。客商一直是海上丝绸之路建设中的重要参与者和建设者，客商经济构成了华商经济网络的重要组成部分，对海上丝绸之路上国家和地区的经济、社会、文化建设做出了重要的贡献。海上丝绸之路由海运、河运、陆运三部分组成，是古代中国与外国贸易往来和文化交流的海上通道，为中国特别是东南沿海的对外开放和经济繁荣做出了重要贡献。历史上闽西与海上丝绸之路渊源深厚，特别是在河运、陆运中扮演了重要角色。依靠汀江、九龙江航运，闽西与厦、漳、泉、粤、赣形成水上交通网络，融入沿海经济圈，成为海上丝绸之路的重要延伸和组成部分。处于闽西汀州重要位置上的永定，福建土楼里的客家人也不甘心困于山区小家，他们同样开始"下南洋"闯荡世界，这里成为著名的侨乡。永定客商勇于拼搏，发挥客家商团、客家社团的作用，为东南亚国家和地区经济社会和文化发展做出了巨大贡献。

1. 海上丝绸之路与汀州客家经济的贸易关系

东南沿海的港口优势为客家人融入海上丝绸之路带来了优势和条件，永定客家区域的水路运输主要是沿汀江、梅江、韩江几条水路往汕头、广州再到东南亚各国和地区。汀江为发展海上贸易和客家民系播迁海内外，为促进客家文化与海洋文化的交流提供了交通之利，汀江是海上丝绸之路的重要水道，海上丝绸之路对汀江流域经济文化的发展也有重大影响。

汀江水系是海上丝绸之路的重要组成部分。"唐末大量南迁进入汀江流域者成为客家先民，带来了北方先进的生产技术和生产工具，促进了农业、采矿业、手工业的发展。元代，由于统治者实行民族歧视政策，大肆屠杀各族人民，致使汀江流域人口锐减，田园荒芜，生产萎缩，经济衰退。明初，朱元璋奖励垦殖，因而人口和田亩不断增加。到了明仁宗、宣宗时，由于政局稳定，社会安定，经济有较快的恢复和发展。清初，政府实行严厉的迁界禁海政策，汀江流域的经济受到严重破坏。清政权稳定后，统治者采取一系列有利于人民休养生息的政策。从乾隆年间开始，人民大量开荒垦地，兴修水利，栽茶种桐。由于农业生产得到发展，林业、矿冶业、手工业和商业也得到发展，汀江流域孕育着资本主义的萌芽，成为潮汕地区海上贸易的重要物资产地和市场。"① 汀江发源于宁化县木马山北坡，从汕头出口注入南海，是福建省唯一的跨省河流，是闽、粤、赣客家地区人民赖以生存和繁衍的"水上运输线"。史载汀州府"虽非产盐之区，而实为通盐之路，亦江广之咽喉，为闽之外府也"。特别是宋绍定五年（1232），潮州食盐沿着韩江、汀江源源不断运抵汀州，汀州终于结束了吃昂贵福州盐的历史，改吃运价便宜的潮州盐。民国《长汀县志》称"汀人之吃潮盐，自是时始"。潮盐入汀，揭开了闽粤商业往来的历史新篇章，在汀江航运史上具有划时代的意义。

汀江流域为海上贸易提供了丰富的物资和广阔的市场。自宋代开创汀江与韩江联运后，江西赣南平原和汀江流域盛产的粮食、烟草、竹木、纸品及其他土特产品都源源不断地通过汀江航道运往全国各地乃至海外。那时，每

---

① 钟巨藩、周显贵：《浅谈汀江与上丝绸之路的关系》，载苏钟生、吴福文主编《第六届国际客家学研讨会论文集》，北京燕山出版社（北京），2002，第114—118页。

日从江西赣南、闽西各县运集长汀的物产达 2000 余担。汀江、韩江及其众多的支流以及汀江流域的千万挑运大军，不但成为泉、广两大海运中心的补给和组成部分，而且逐渐与潮汕地区的海上贸易相结合，独立发展成为我国海上丝绸之路的又一通道。宋代以来，潮汕曾是海上丝绸之路的主要港口之一，中国大量货物从潮汕运往世界各地，是"海上丝路"的重要组成部分。永定以及汀州各县的货物到达潮州后，以潮州为转运枢纽，连接"海上丝路"，销往世界各地，形成了一条脉络分明的汀江对接"海上丝路"的交通贸易航线。这条贸易之路自宋代开通以来，使汀州人包括永定客家商人走出大山，走向海洋，走向世界。汀江的重要转运站峰市等集镇，成为闽粤赣边物资集散重镇和福建省转口贸易中心。峰市则随着汀江航运的发展而日趋繁荣，清朝时有会馆、纸纲、木纲、行店 320 多家，"民国初，废厘金设商捐，峰市商捐局年入 15457 银圆，而上杭局也不过 22483 元，堂堂上杭一县才比区区一隅的峰市多六千余银圆。三十年代初，峰市税收竟高达每日大洋一千有余"①。

汀江流域森林资源丰富，木材产地有永定金丰、合溪等 200 多个乡村。汀江流域竹木并茂，小溪密布，纸业生产得天独厚。鸦片战争后，闽属上杭、汀州、连城、永定及韩江流域制造之纸，每年运来汕头，销往通商口岸及台湾、香港，乃至南洋、暹罗、安南者，年产值三四百万两之巨。此外，汀江流域出产的茶叶、烟叶（条丝烟）、靛青、薯莨、水果、乌梅、药材以及造船必需的桐油等土特产品和文化用品，也源源不断地经汀江、韩江进入潮汕地区而销往东南亚各国。汀江流域为海上贸易提供物资的同时，一些洋货如：煤油（洋油）、火柴（洋火）、铁钉（洋蓝钉）、布（洋布）、海味、药品（西药）、胡椒、香料等，也逐渐从韩江进入汀江流域广阔的城乡市场。②

2. 福建土楼客家人"下南洋"的客家文化播迁

客家人虽聚居于粤闽赣山区，但凭借连接南海的韩江、梅江和汀江等，

---

① 葛文清：《话说客家"小香港"》，《客家纵横》1992 年第 9 期。

② 钟巨藩、周显贵：《浅谈汀江与上丝绸之路的关系》，载苏钟生、吴福文主编《第六届国际客家学研讨会论文集》，北京燕山出版社（北京），2002，第 114—118 页。

宋明以来就不断有客家人沿着海上丝绸之路，移民到了南洋，即历史上的"下南洋"。南宋时期梅县松口人卓谋等，便落户在今印尼加里曼丹岛。明清时期移居南洋的客家人更多。明成化十三年（1477），福建汀州人谢文彬航海贩盐遇到狂风，漂到暹罗（即今泰国），上岸定居，后来出任泰国'岳坤'。清乾隆年间，大埔人张理偕同邑人丘兆进及永定人马福春共同南渡来到槟榔屿，共同开发槟榔屿，为槟城繁荣发展做出重要贡献。随着荷兰、英国等国殖民者从南洋地区把矿产、橡胶等原材料大量运回欧洲，东南亚成为世界资本主义市场体系的重要组成部分，尤其是汕头开埠后，大量客家人沿梅江、汀江、韩江到汕头，坐海船到泰国、印度尼西亚、马来西亚、新加坡等地谋生。他们依南洋为"外府"，把南洋地区作为谋生和发展的主要空间。梅州成为全国重点侨乡，侨居海外的华人华侨众多。据统计，在海上丝绸之路所经过国家中，几乎都有客家人居住，总人数有 1200 多万。其中现居于印度尼西亚的客家华人华侨达 800 余万，马来西亚有 300 余万，泰国有 100 余万，新加坡有 40 余万，越南有 30 余万。①

　　清康熙元年（1662），实行海禁，不准闽、粤二省船只出洋，这时期闽粤两省的客家人很少有人能偷渡到南洋的。直到康熙二十二年（1683）清政府统一台湾之后一年才解除海禁。解除海禁后，大批闽粤客家人到南洋经商。早在清康熙十七年（1678）永定下洋人吴集庆偷偷南渡马来亚，发展了事业。清雍正十年（1732）永定大溪乡人游翘其前往印度尼西亚经商。永定下洋镇中川村人胡桃学、胡映学兄弟亦同时前往婆罗洲沙捞越谋生。18 世纪中期以后，另外一支东南亚的客家移民，以马来亚槟榔屿被尊为"三伯公"神的张理、丘兆进和马福春最为著名。这是在东南亚开发史上，占据最重要地位的三位客家人。据史料记载，早在 1786 年 7 月 11 日英人莱特开辟槟榔屿前，岛上已有 58 人居住，其中张理、丘兆进和马福春三位客家人已经到槟榔屿了。大埔人张理与同邑人丘兆进及永定人马福春之前已经南渡来到荒凉的槟

---

① 肖文评：《客家人：海上丝绸之路重要参与者和建设者》，《人文岭南》2015 年第 49 期。

椰屿，三人义结金兰，在岛上风餐露宿、披星戴月、共同开发槟榔屿，是他们艰苦卓绝、义无反顾的共同劳奋斗，奠定了槟城发展繁荣的基础。曾任马来亚华民事务官的巴素（Victor Purcell）博士这样说："一位姓邱的客家铁匠、一位姓张的教书先生及一位姓马的烧炭人，他们都被尊奉为华侨的开辟者。"这三位客家人，被称为是最早到来马来亚的华人先驱。1794 年，莱特逝世前谈到槟榔屿的最后一份报告指出：华人成为我们最宝贵的一环，有男女及儿童约三千人。浮罗山背成为客家话小区。后来，张理病重在石岩坐化。不久，丘兆进和马福春二人也相继逝世。客属华侨对他们非常崇敬，都不敢直呼其名，而尊称他们为"三伯公"。清嘉庆四年（1799），永定华侨胡靖倡议，在大榕树下为"三伯公"建庙，供奉张理、丘兆进和马福春的神位。一方面感激"三伯公"对槟榔屿客属乡亲扶持之恩，另一方面也希望他们在天之灵能保佑大家。这是最早有文字记载的开发马来亚的三位客家人。

1840 年第一次鸦片战争失败后，大批劳工被"卖猪仔"，其中槟城为主要转口地，转往马来西亚吉隆坡、拉律各地，也有的转往新加坡、泰国、印度尼西亚、文莱等地。与此同时，也有大批闽粤客家商人到印度尼西亚、马来西亚、泰国等国经商。

1864 年，太平天国运动失败之后，余部康王汪海洋、李世贤等率军从福建败退梅州，最后全军覆没。太平天国主要将领洪秀全、冯云山、石达开以及后期将领李秀成、陈玉成等都是客家人，军队主力也大都是两广客家人，清朝政府对太平天国余部进行疯狂报复，嘉应州、惠州等大批太平军将士及家眷纷纷亡命南洋，其中马来西亚的槟城成为他们主要落脚点，再从槟城迁移各地。在《槟州客属公会 40 周年纪念特刊》中记载："其中一位黄叶生系太平天国军官，在洪秀全失败后（1864），结百余同伴来到马来西亚，生存者仅 20 余人，居住在浮罗山背的双溪槟榔。"

《永定县志》（民国）中记载："我国海禁之开，始于前清道光中叶。国人之远涉重洋，流寓于大西洋各国及太平洋群岛者，数逾千万，而以闽粤人民为最多。其营业之发达，生齿之繁殖，实有惊人之数字。永以蕞尔邑，山多田少，人民耐劳苦，富冒险性，数十年来，出洋谋生者，逐年增加。据最近调查，侨居南洋群岛之永定人，已达一万五千有奇（据民国廿七年厦门侨务局查报）。每岁挈金回国不下二百万元，其他捐助慈善教育及献金救国各款，尚不在此数。是可见邑人之爱国爱乡，虽历险阻而不渝，居异邦而无二，其热烈精神不让欧美民族。若我政府加以实力保护而奖励之，优待之，则华侨业务，行见蒸蒸日上……"①

　　永定各乡，旅居南洋侨胞，以第三区金丰为最多，第二区丰田次之，其他地方较少。其分布人数：英属七千有奇，荷属四千有奇，美、法、暹罗各属，约四千人。朝鲜和我国台湾、香港未计在内。兹将各乡番客及留地，依三十年八月《采访册》胪列如下：

所属乡华侨人数居留地

下金乡　约计三千六百人　新加坡、槟榔屿、仰光、大吡叻等埠

泰月乡　三千五百人　爪哇、万隆、泗水、吧城

东岐乡　一千七百人　泗水、吧城、万隆、井里汶、缅甸

高竹乡　一千四百人　新加坡、缅甸、马辰、泗水、吧城、三宝垄

南溪　一千三百人　马辰、缅甸、三马达林

奥杳　七百人　缅甸

洪川　五百人　新加坡、马辰

上丰乡　五百人　仰光、新加坡、望加锡、兴宝塔

中丰乡　二百人　仰光、新加坡、缅甸各地

溪胜乡　四百人　暹罗、安南及英、荷二属

其他　二千余人

共计　一万五千余人②

①　徐元龙主修，福建地方志编纂委员会整理《永定县志》（民国），厦门大学出版社（厦门），2015，第534页。

②　徐元龙主修，福建地方志编纂委员会整理《永定县志》（民国），厦门大学出版社（厦门），2015，第534页。

从上文看，永定到南洋谋生的人中，各乡镇中以下金乡（今下洋镇）、泰月乡（今大溪乡）为华侨最多之乡镇。

如下洋胡氏，中川古村落有"村民三千，华侨三万"之说，在胡氏谱里记载移居海外的有：

第十八世胡兆学、映学兄弟在沙捞越。

第二十一世胡永香、永和在叮咖唠，他们是等良之子和侄，仲纂的玄孙。

第二十一世胡佛寿在荷属甲八丹，是伯茂的元孙。

第二十一世门林在井里汶，系芹昭之长子。

第二十一世胡移玉在槟榔屿，系芹昭之三子。

第二十一世胡移林在吡叻，系芹昭之四子。

第二十一世胡增瑞在槟榔屿，是桂昭之子，伯萃元孙，第二十一世胡武撰在槟榔屿，是棣蕃次子，槟城银匠行祀为"胡靖祖师"。生六子俱住仰光。[1]

3. 永定南洋客商主要经营的行业

永定客商在海上丝绸之路上的南洋经济中，主要经营传统产业。他们文化程度一般较低（后期较高），早期多打铁、种植、开矿、建筑、教书为生，或经商行医，以经营药材、百货为普遍。"工、商、农、矿居多数，教育、党务、机关次之，社会团体、新闻事业又次之。其在新加坡、仰光、爪哇等地者，以药业为大宗，米谷、杂货、土产次之；其在大吡叻、槟榔屿等地者，多营锡矿业；其在爪哇、西里比士、苏门答腊、婆罗洲各岛者，药业居百分之七十，五金、杂货、种植米谷、油、糖等业，居百分之三十。"[2]

"华侨职业，商人占十之二，工人占十之八。大商业有经营银行、航业、橡皮、砂糖、锡矿者，其资本多至数万万。工人自车夫、苦力以迄各种工匠

---

[1] 永定胡氏族谱修纂委员会编《永定胡氏族谱》，2011，第8页。

[2] 徐元龙主修，福建地方志编纂委员会整理《永定县志》（民国），厦门大学出版社（厦门），2015，第541页。

皆有之，工资较国内为优。"① 可见客家华侨在南洋主要是以特色资源为工作内容，而客商在南洋的经营以种植、矿山、制药、金融、零售业为主，经营模式以家族企业为主，亲缘关系在经营中占重要位置。"永定物产如烟丝、铁器、纸类等，运销吕宋、安南、暹罗及南洋各埠者，数量颇巨，皆我侨胞推广之力也。但每年输出若干，总值若干，尚无精确统计。至运销省产、国产，挽回利权，厥功尤伟。"②

侨商秉承客家勇猛精进传统，努力奋斗、辛勤劳动，慢慢积累打出一片天下。永定番客在他乡执着进取，不少番客站稳了脚跟，发展迅猛。诞生了胡文虎、胡子春等国际级巨商和新加坡前财政部长胡赐道等政要。③

4. 永定客商对海上丝绸之路南洋地区发挥的重要作用

永定客商经济在当地经济开发、社会发展、文化交流中都取得了重要成绩，受到当地居民和政府的认可，他们的主要贡献有：

首先是对南洋经济的开发。开发荒岛，修筑交通。客家人早年出洋，与当地人民携手并肩，披荆斩棘。开采锡矿，开垦种植园，建造海港，当苦力，充分发挥自己的聪明才智，他们的经历是一部血泪斑斑的拓荒史诗。第二次世界大战后南洋各国虽然纷纷脱离列强附属国地位，但限于资金和技术，也难于发展自己的民族工商业。客家人勤劳节俭，肯钻研，能拼搏，有眼光，在南洋这块物产丰富的土地上，大有作为。从 19 世纪到 20 世纪六七十年代，在南洋各地埋头开拓的客家人中，出现许多"大王"（实则各行各业的带头人），如"锡矿大王""橡胶大王""报业大王"等。他们是当地企业的先行者，如永定下洋中川村的胡子春，这位"锡矿大王"，为开矿的机械化，花了近 50 万两白银。有能力的企业家，带动了所在国的技术和经济发展，在短短几十年内，东南亚各地由原殖民地、附属国的落后国家，一跃成为人均收入

---

① 徐元龙主修，福建地方志编纂委员会整理《永定县志》（民国），厦门大学出版社（厦门），2015，第 541 页。
② 徐元龙主修，福建地方志编纂委员会整理《永定县志》（民国），厦门大学出版社（厦门），2015，第 541 页。
③ 巫林亮：《勇敢者的博弈——永定客家的"过番"》，《福建乡土》2010 年第 4 期。

大幅度增长的国家，这与上述出类拔萃的大批客属企业家的努力奋斗是分不
开的。如《永定县志》（民国）中记述："英属各埠锡矿业，昔有金丰忠川胡
子春，为当时之首屈一指者。近有胡仁芳之英丰栈锡矿，胡重益叻叻太平局
绅之顺意栈锡矿、金矿，胡日初叻叻孔教会长亦营矿业。以上对于各埠全部
之矿业，可居在第三四位之间。"[1]

其次是繁荣与发展了南洋的商业经济。 客家人迁徙南洋等地后，大都从
事城乡小商业和小手工业，他们成为沟通城乡经济的纽带。如印度尼西亚万
隆到乡间几百里通道，有几千家"亚弄"（杂货）店都是客家人开的。特别是
在印度尼西亚、马来西亚、泰国、新加坡等国，客家人很多，他们成为当地
商界一支极其重要的力量。当代新生的客家后裔，他们有文化，有知识，积
极与世界联系，成为入籍国发展商业的一支劲旅，对推动这些国家的商业发
展做出了很大贡献。

荷属各埠药材业几全部为吾永泰溪各乡侨胞所经营。吧城计有一百三十
余家，如昔游霖孙之济安堂，及今之大安堂、太和堂、大安和、大和春等是。
若缅甸医药业，初推卢伯川，现有怡发号、荣发公司等，业务均称发达。又
如仰光埠"纳不打"之赖义成美，勃生之黄瑞隆号，瑞郎坦之陈紫山，竖磅
之卢林秀，望加锡之卢德臣，吧城、泗水、万隆之和合义、添和、天德等号，
以及英、荷各属之江聪明、江镜如、林长亨、林善章、苏子琨、苏腾芳、江
生求、黄庚升、陈黻丞等，或业五金，或营种植，或懋迁土产、米谷、油糖
之类，抑或职供华侨银行、轮船运输公司，等等，均能发展营业，为祖国而
努力焉。若永安药房之虎标万金油、八卦丹、头痛粉、清快水等，驰名全球，
获利特厚。[2]

———————————

① 徐元龙主修，福建地方志编纂委员会整理《永定县志》（民国），厦门大学出版社
（厦门），2015，第 535 页。

② 徐元龙主修，福建地方志编纂委员会整理《永定县志》（民国），厦门大学出版社
（厦门），2015，第 545 页。

其三是重视与支持南洋地区的教育文化事业。南洋各国经济落后，人才稀缺，发展教育更是乏力，客家侨商在这方面也贡献很大。如"胡子春在槟榔屿创师范学堂，继办中华小学，启发侨童，成绩卓著。按：光绪季年，胡君在原籍治城，独资创办简易师范，二年之间，毕业百有余人。若吧城之日新学校，系游子云联合同侨集资开办，专收永定及闽粤侨胞子弟而栽培之。其他大吡叻、仰光等地中华学校，多有永侨子弟肄业其中。是以吾邑侨胞及五里儒士，陆续前往，在教育界担任校长、教员者，亦实繁有徒也。"① 还有值得一提的是以胡文虎为代表的永定报商，在推动南洋文化传播方面成绩卓著。"英属新加坡之《星洲日报》《星中日报》，香港之《星岛日报》，皆系中川胡文虎独资经营，规模宏大，所销报份，日以万计。荷属泗水之《商报》，由古竹苏晓迷与漳属侨胞数人合资而成。吧城之《民国日报》，由泰溪游子云独立经营，虽不及《星洲日报》等之设备完全、销路广大，亦可见吾邑人之致力于新闻事业也。"②

其四是发挥经济文化交流的桥梁作用。客家侨商在海外经过多年奋斗，事业有成后，拿出大量资金参与所在国的建设，同时也拿出一部分资金回报祖国和家乡，如支持家乡办医院、办学校、修桥筑路等，在客家侨乡到处可见华侨和华人出资建造的学校。改革开放后，海外客家人纷纷投入到中国实现现代化建设和家乡建设中来。从资金、技术、管理方面鼎力支持，通过中外合资、合作或捐赠等形式，在国内许多城市乃至山区乡镇兴办各种企业和公益事业。海外的客家人不忘祖地，十分关心祖国和故乡的社会和经济发展，并做出了巨大贡献。

---

① 《胡赛标、胡子春的家国情怀》，《闽西时报》，2005 年 12 月 25 日。

② 徐元龙主修，福建地方志编纂委员会整理《永定县志》（民国），厦门大学出版社（厦门），2015，第 534 页。

第四章 迁台福建土楼客家的经济模式

    客家先民转辗南迁，后又播迁台湾乃至海外，客家人创造了丰富的物质文明和精神文明。客家人占台湾总人口的百分之十五，两岸客家人关系紧密。台湾客家人的祖地在闽西，更集中在土楼所在的客家区域。明末清初，土楼客家人就有部分居民移居台湾，他们是最早迁台并融入台湾主流社会的一批，而且他们还带去了原乡的传统生产方式和生活方式，为台湾的经济、社会、文化发展做出了重要贡献。

    闽台客家关系研究有许多成果。谢重光在《闽台客家社会与文化》一书中对客家人从大陆原乡向台湾迁徙的历程，台湾客家人的分布情形与艰苦创业历程进行阐述，探讨了客家文化在原乡的丰富内涵、基本特征及其在台湾的传承与变迁情况。另外，劳格文（John Lagerwey）主编的《客家传统社会丛书》、谢重光的《闽台客家社会与文化》、王东的《客家学导论》和《那方山水那方人》、张佑周的《客家祖地：闽西》等，都对闽粤赣客家地区的地域社会变迁和经济发展做了较为详细的描述，动态和立体地分析了闽粤赣边区时空因素与作为主体的人的历史性活动之间的种种内在联系。

    在闽台客家区域经济发展状况研究方面，周雪香的《明清闽粤边客家地区的社会经济变迁》重点论述闽粤边客家地区大发展时期的社会经济变迁；台湾丘昌泰的《台湾客家》对客家地区的文化现状和经济发展作了概述性的研究。

    闽西迁台及姓氏宗族源流关系有一些重要的论述。如张佑周主编的《闽西客家外迁研究文集》中相关论述台湾的论文，如吴福文、张树廷《永定高

头江氏迁台概况》、胡大新的《永定胡氏与台湾》、谢重光的《拓垦与族群属
性：台湾客家史新证》、杨彦杰的《淡水鄞山寺与台湾的汀州客家移民》都从
不同角度论述了客家人与台湾的关系及迁台动因。

客家祖地上的土楼人，究竟有多少迁往台湾，他们的祖辈为何动迁台湾，
他们在台湾是如何开垦落脚、繁衍生息、开枝散叶，又和客家祖地经济发展
有着怎么样的联系呢？

第一节　福建土楼客家人迁台的经济动因

1. 永定客家人在台湾的主要分布

苏志强先生在《永定客家人迁台纪略》一文中这样记述："1992 年 7 月，
台北永定同乡会整理的《永定县在台同乡通讯录》有黄、赖、陈、江、苏、
胡、巫、罗、廖、朱、郑、范、张、邓、许、邱（丘）、李、阙、林、王、
吕、曾、游、马、熊、吴、卢、徐、姜、沈、蓝、童、俞、简、余、戴、钟、
谢、翁、孔、温、刘、严、萧、阮、包、郭、周等 49 姓，即民国时期永定姓
氏的三分之二。这些姓氏分布在台湾的基隆、台北、桃园、苗栗、台中、南
投、宜兰、新竹、高雄、屏东、花莲、台南、嘉义等地，足见客家人迁台之
普遍。"[①] 明末清初，永定县就有部分居民移居台湾。永定早期渡台的有江、
胡、吴、苏、李等 25 姓，他们大都聚居于台湾北部的桃园、苗栗、新竹等
地区。清康熙二十二年（1683）统一台湾，第二年开放海禁后，更多永定人
入台拓垦，仅雍正、乾隆年间，高头江姓有 460 多人、湖坑李姓有 221 人入
台。历代永定迁到台湾的客家人中，直接迁台人员的后裔约有 25 万人（其中
简姓、江姓人口较多，约有 20 万人），从永定迁到外地（如漳州南靖、平和
等地）后再迁台人员的后裔近 30 万人。许多论述都认同永定是台湾客家人的
重要祖地，而且永定客家人迁台最早、融入台湾主流社会较为快速，为台湾
的经济和社会文化发展做了重要贡献。下洋人胡焯猷于清雍正十一年（1733）

---

① 苏志强：《永定客家人迁台纪略》，载《闽西客家外迁研究文集》，海峡文艺出版社
（福州），2013，第 271 页。

移居台湾淡水厅的新庄（今新北市新庄、泰山两区），他精通医术，"出资募佃，建村落、筑陂圳，尽力农功"，捐良田创办义塾明志书院开台湾私人办学之始，深受人们感戴，后被清廷和台湾总督杨廷璋分别授予"文开淡北""功资丽泽"的匾额。抗日战争胜利后，永定县城、坎市、高陂、抚市一带有120人去台从商、从政或从教。1949年，随国民党军队退踞台湾的军政人员及家属，也有部分是永定人。1949年10月后，永定旅居印度尼西亚、缅甸等东南亚的侨民遭侨居国当局排斥，迁至台湾369人，其中以金丰里人为多。

永定的族谱中有很多当地人渡往台湾的记载。杨彦杰先生的研究这么阐述："由于外出经商的人很多，特别是金丰里等地的商民，'渡海入诸番如游门庭'，来往十分方便，因此前往台湾的闽西客家人中，永定人占了相当的比重。我们在永定县调查时，所见到的族谱有许多都有移居台湾的记载。如属于江、苏姓聚居的古竹乡，当地族谱有移居台湾的记载。古竹苏氏《山派系始祖公遗下族谱》云：十一世祖肖屏公，嘉靖丁未岁（1547）生，娶吴氏，生五子，'此系后代第十七，十八世有人到台湾'；十世祖泰友公，生八子，'其中一房移居台湾'；十五世祖升槐公，生于顺治八年（1651），娶□氏，生四子（第十七世迁台新竹）；十五世祖升裘公，生于顺治十七年（1660），娶阙氏，生六子，其中次子癸舍，五子德舍，子春满皆迁往台湾，现在升裘的后代在台湾共1000多人。邻村的《济阳江氏高头族谱（山房）》记载：仅江姓山这一房，清代迁往台湾的就不下三四十人。如十四世继湖公之子以春公、以光公、以茂公，及以省公之子一玉公，以及一金公之曾孙鹏伍（号南溟）、锡伍（号书九）、珀伍（号存敬）、凤伍（号山）等八公，往台湾居住谋生。十九世建槐公派下，又有耀文、铭文、震文、鸿文、寿文、清文、焕文等'七文在台'，等等。此外，据湖坑李氏的一本族谱统计：在明清时期，李氏族人前往广东、江西、四川、台湾以及南洋各地谋生的近千人，其中前往台湾的共232人，居首位，而且这些渡往台湾的移民主要是清代族人外迁高潮时出现的。在台湾，江、苏、李共18部族谱，里面有关移民的记载就更加具体。这些姓氏都来自永定，与大陆原乡的族谱可以相互对照。如江姓，其始祖原在永定高头开基，至六世以后分成东山、南山、北山三大房，每房都有人移居台湾。我们在大陆原乡看到的是北山房族谱。而在台湾查到的 11 部江氏族谱中，至少有 6 部是属于东山房的。这些移民从大陆渡往台湾，集中在乾隆年间或者以后。其分布地点，除了少数在台中、彰化、宜兰外，绝大部分都居住在今桃园、苗栗、新竹以及台北的中和、板桥、圆山、新庄、淡水、基隆等地。台湾北部是永定客家人相对集中的一个区域。"①

丘昌泰先生在《台湾客家》一书也提道："康熙年间，浙江省定海总兵张国部将黄鹏爵之族裔也入垦永定厝，永定厝为今日台中市南屯区永定里，系因最初移民来自闽西汀州府永定县而得名。目前该地为台中南屯区简氏宗亲的聚居地，至今已有二百多年。"还有"乾隆年间，福建省永定县江姓族人开发半平厝庄（台中市平和小学一带）附近。乾隆十年（1745），福建永定人胡焯猷开辟淡水厅山脚庄（今新北市泰山区）；乾隆二十五年（1760），福建永定人江庆玉辟淡水厅八连溪庄（今新北市三芝区）；乾隆二十六年（1761），客家人在彰化兴建定光古佛寺，亦称汀州会馆，此为来自福建省汀州府客家先民所建"②。书中所写福建省汀州人都来自永定，彰化的定光佛寺也与永定的金谷寺有渊源关系，是由金谷寺分香火而去的。早期入台的永定移民，往往同村人同居一处，因此乡村、地名常被冠以"永定"一词，以示祖根。如台湾云林县二仑乡今永定村、安定村，原名为"永定厝"。据不完全统计，永定各姓在台湾奉祀的迁台祖祠就有 186 座，如台南成功路的纪念客家吴氏开基祖的吴氏大宗祠、新北市三芝区的圆窗江氏宗祠、新竹县的苏氏宗祠、彰化黄竹烟魏氏宗祠"成美堂"。在台北、彰化、屏东、嘉义、桃园、苗栗的永定籍江氏家中，也大都保存着永定高头江氏的族谱。可见崇祖重亲的客家人迁往台湾后不忘祖宗，与永定祖地血脉相连。

赴台拓殖的汀州客家移民分布很广，但以台湾中北部为多。据台湾客家学者邱彦贵、吴中杰的研究，地处"台湾头"的北海岸，包括新北市淡水、三芝、石门一带的客家移民主要来自汀州府，其中人数最多者首推永定，武

---

① 杨彦杰：《淡水鄞山寺与台湾的汀州客家移民》，《福建省社会主义学院学报》2001年第 3 期。

② 丘昌泰：《台湾客家》，广西师范大学出版社（桂林），2011，第 19 页。

平、上杭的移民也有一些，如练姓即来自武平，华姓来自上杭。而在南彰化平原，也有汀州客家人的踪迹。虽日久年渊，台湾中北部的汀州客或迁移，或被"福佬"化，族群文化特性大多隐而不彰，但彰化的定光庵和淡水的鄞山寺，为人们留下了当年汀籍移民在其地辛勤拓垦的历史见证。鄞山寺在建庙初期，参加捐建的主要有江、李、苏、胡、孔、张、罗七姓，均来自永定。

《留种园卢氏谱略》记载了永定陈东乡中国科学院原院长、著名物理化学家卢嘉锡（卢氏二十三世）的祖辈，陈东燕诒楼卢氏十九世台湾开基始祖洁斋公（卢利忠、十八世贵亨公之长子），由福建永定蕉坑迁居台湾台南之过程。根据卢霭瑞先生（号绍庭，燕诒楼卢氏二十二世）1974年所撰写的《卢氏族谱》中的记述，洁斋公生于乾隆乙巳年即公元1785年，12岁由福建永定蕉坑赴台湾台南（约1797年到台湾）。洁斋公任职于清代台南府衙，担任刑幕，从事诉讼审核，多所平反，有欧阳崇公之风，被当地民众誉为"卢佛"。《卢氏族谱》亦有洁斋公的胞弟利能公移居台湾郡南小南门外米粉埔之记录。《留种园卢氏谱略》记载的洁斋公四子中的三子为振辉、振鸿、振斯，其中，大哥振辉有为台南天坛天公庙捐款的碑刻记录。《留种园卢氏谱略》另有记载立轩公之子卢宗煌曾任云林县儒学训导，于1893年在任中病逝。卢宗煌的三弟卢宗炘，在台南颇有声望。"留种园卢氏"为书香门第，教育世家。二十一世卢宗烈，光绪乙亥年（1875年）在台获取"举人"，1895年返厦前已为"进士"。

据《永定吴氏宗谱》载，吴伯雄是北宋天圣年间吴氏入闽始祖承顺公第27代裔孙，亦是思贤村开基祖钢公第16代裔孙。吴伯雄的曾祖父吴顺昌于清咸丰六年（1856）五月搬迁至台湾淡水厅桃涧堡中坜一带（今桃园市中坜区）。吴伯雄的父亲吴鸿麟在医学方面有很深的造诣，是医学博士，在原桃园县中坜市曾连续三次当选县议员，出任过桃园县议会议长。1960年，吴鸿麟当选为桃园县第四届县长。退出政坛后，他曾出任新区企业董事长等职。1995年3月21日去世，享年97岁。吴鸿麟生前最大的遗憾就是未能回祖籍地省亲祭祖，让他遗憾终生。2000年11月，吴伯雄偕夫人和儿子终于回到了故土，受到家乡族人最为隆重的欢迎。吴伯雄回乡祭祖，圆了他父亲和他自己的心愿。

简氏。台湾现有简氏宗亲约 20 万人,主要聚居在桃园、南投、嘉义三县。"长窑简姓传及十一、十二世时,值明末清入闽。南明隆武二年,清俘唐王于汀州,郑成功举兵漳厦,简姓群起响应,共襄反清复明大业,并于永历十五年(公元 1661 年,距今 325 年前),从郑成功东征,大批渡台。康熙廿二年(公元 1683 年,距今 303 年前),清定台湾,重开海禁后,长窑简姓十三、十四世陆续迁台,先后族居于新北市的瑞芳、板桥、树林,宜兰五结,桃园大溪,台中,南投草屯,嘉义的大林、梅山,高雄凤山、大寮,屏东万丹等地。"[1]

江氏。据《永定江氏宗谱》(2003)记载:"永定江氏裔孙,最早跨过海峡往台湾是高头东山的荣海、永清、景沾、万清(皆 16 代)诸公,随后北山 15 代的伯春兄弟,以春昆仲等,他们都是明朝末年迁去的。康熙皇帝设台湾府后,大批高头人纷纷入住台湾岛,其高潮是雍正、乾隆年间,最多时年达百余人。"而据苏志强综合两岸高头江氏乡亲族谱记载介绍道:"高头江姓 17—22 世去台湾谋生的人很多,据不完全统计,22 世以前去台湾的有 460多人",但"实际人数远不止 460 人"。这种规模和趋势,直至光绪甲午之后日本殖民统治台湾,才转为迁往东南亚诸国。如今,台湾高头江氏裔孙已达五六万人之众,是高头原乡江姓人氏的 30 倍左右,其"移台人数之多,发展之快,在闽西山区数一数二,以致三百多年来,(高头)江姓的后人遍布台湾的每一个角落"[2]。难怪台湾省各姓渊源研究学会编印的《台湾区百大姓源流简介》一书,将江姓列为闽西迁台人数最多的姓氏。

永定胡氏也与台湾关系密切,闽西永定迁台胡氏客家人的后裔乃其中一大支。永定胡氏迁居台湾,始于清朝康熙末年。据 1924 年修的《胡氏族谱》记载,第 17 代至 25 代渡台定居人数就有 209 人。这个数字,在当时永定迁台各姓氏家族中少有。到 20 世纪三四十年代,胡氏迁台人数又大大超过此前

---

[1] 曾繁藤:《台湾移民史——简氏大族谱(200—2000)》。
[2] 苏志强:《永定高头江姓迁台述略》,《客家纵横》1997 年第 3 期。

迁台人数，从而使胡姓人数在台湾百家姓氏中高居第 34 位。包括福建同安等地以及广东迁台胡氏在内，众多台北、基隆、新竹、中坜等地的胡氏，他们的祖籍地大多就在永定。经过长期不懈的努力，迁台胡氏的事业不断开拓、发展，他们在工商业、建筑业、医药业、文化教育事业、慈善公益事业等方面都取得了令人瞩目的成就，为台湾的发展、繁荣做出了不可磨灭的贡献，涌现了胡檀生、胡焯猷、胡鸿鹍、胡石清、胡添登、胡春来、胡永源、胡进发等一批出类拔萃的人物。其中，最有代表性的，首推一生清廉、热心办学的胡檀生，和拓垦有功、富甲一方、大兴教化的胡焯猷。①

从这些记载和论证中，可以发现永定人去台湾主要是两大时间段：郑成功入台和清开海禁后；主要分布在台北、基隆、宜兰、桃园、新竹、苗栗、台中、南投、彰化、云林、嘉义、台南、高雄、屏东、花莲等地。永定客家人入台较早，因此也较快融入当地社会，甚至于一部分客家后辈已不会说客家话了，但他们在文化根源和民风习俗上却还是保持着客家传统。

表 4-1　永定迁台部分姓氏的分布②

序号	祖居地	渡台祖	后代分布	出处
1	永定县白石炉芹菜洋大井边	江惠生	桃园县观音乡草漯村	江家历代族谱
2	永定县金丰里半径甲高头乡北山	江立贤	桃园县龟山乡	江氏族谱
3	永定县高头乡	江资藩	台北县板桥，基隆市等	江氏历代祖宗系统略谱
4	永定县	江苍番	台北县中和、板桥内圆山仔，台北市、基隆市	板桥内圆山仔江家苍番公子孙系统图
5	永定县金丰里大溪乡土名寮下	—	台北县板桥，基隆市	济阳江氏历代宗支总谱

① 胡大新：《永定胡氏与台湾》，《谱牒研究与五缘文化》2008 年第 9 期。
② 杨彦杰：《淡水鄞山寺与台湾的汀州客家移民》，《福建省社会主义学院学报》2001 年第 3 期。

续表

序号	祖居地	渡台祖	后代分布	出处
6	永定县	江演滨	台北县板桥、新庄	板桥江氏演滨公派族谱
7	永定县金丰里高头乡半径甲东山	江忠藩	淡水、台北等地	济阳江氏历代族谱
8	永定县金丰里高头乡半径甲东山	江正仁	基隆等地	江氏族谱
9	永定县	江登礼	基隆等地	江登礼先生讣闻
10	永定县	江洪俊	彰化县永靖乡	江家历代族谱
11	永定县芹菜洋白石后	江春应	桃园县观音乡	济阳堂江氏族谱
12	永定县金丰里	—	新竹县新埔镇等地	苏氏族谱
13	永定县金丰里苦竹乡	—	新竹县新埔镇等地	苏氏族谱
14	永定县	苏连华	苗栗县狮潭乡等地	苏氏族谱
15	永定县苦竹乡	苏进兰	台北县永和、新竹县宝山乡等	苏氏家谱写作报告
16	永定县	—	新竹县竹东等地	苏氏族谱
17	永定县金丰里许德村圳下盾乡	—	台中县大雅乡等地	苏氏手抄族谱
18	永定县金丰里	—	宜兰县头城镇	李氏族谱

2. 福建土楼客家人迁台的经济动因

台湾是典型的移民社会，招徕移民进行土地的开垦是清代台湾社会的主要内容，客家人是乘着这一机遇移居台湾的。研究客家人外迁的原因，形成了两个重要观点：一是认为客家人渡台不是被迫的，不是在原乡穷得无法生活下去而非渡台不可；二是认为因为"迁界"的作用或是归为社会层面的因素，其中最典型的便是人地关系的矛盾，及天灾、人祸激化的社会矛盾，把原因上升到生产力与生产关系的层面，进而推理出"被迫"迁徙的结论。

较早进行客家人移民研究的当推罗香林。他在《客家研究导论》和《客家源流考》中，对粤东客家人迁移的时间、路线、原因等进行了探讨。罗香林认为客家民系的特性很多是对环境的适应。客地多山岭，交通不便，客家人重视繁衍，耕地缺乏、粮食不足的现象突出，解决的办法一方面是人口继续向周围地区扩展和向外迁徙流动，寻找更多的生存空间；另一方面是精壮男子出外经营工商各业，或从事军政学各界的活动与服务。罗香林阐述客家迁徙的原因，将其归结为原住地的推力或排斥力和迁入地的拉力或吸引力。周雪香女士认为罗香林先生将明清时期闽西客家频繁迁徙现象的原因归结为"交通的改善、地理因素、经济条件、社会因素、主观因素"。诚然如是，移民的现象是多种原因作用下导致的，但这依旧是宏观上适合所有移民区域的因素，而非造成闽西客家移民现象的特有原因。近年来许多学者对明清时期的闽西客家移民做了许多研究，提出清代闽西客家的移民，更多是"经济性移民"的观点，若针对闽西特别是永定而言，笔者也认为经济因素才是移民最重要的动因。

胡大新在《永定胡氏与台湾》一文中对胡氏迁台原因做了如下论述：

（1）谋求生存。"闽中多奇山，而永定尤在层峦叠嶂之内。其崔巍崛崎，有梯栈所不能至，毫素所不能述者。"永定县"八山一水一分田"，海拔400米至1000多米的山地占全县面积的55%，耕地面积只占全县面积的10.13%，是典型的山区小县。清代，虽然永定广种烟草，条丝烟畅销海内外，许多烟商大发其财，烟农也得到实惠，但在耕地如此之少、生存空间如此之小的情况下，加上当时的社会制度的限制，仍有许多人的生活极其贫困。此外，还有许多人虽然尚能温饱，但不满足于现状，千方百计谋求有更大的开拓空间。于是，包括胡姓人在内的不少永定人便不断向外地迁移，或到外省，或到台湾岛，或到东南亚各国。

（2）经营条丝烟。明末清初，资本主义经济已在江南一带萌芽。"清人得台，渐开海禁……四十二年（注：指乾隆四十二年），议准出洋商船，许用双槌，于是漳、泉商人贸易于东南洋者，逐年而多……"而此时，永定条丝烟开始走俏海内外，有"烟魁"之称。直至清末民初，烟业鼎盛，"各乡工厂林立"，永定开设的烟行（店）遍及中国长江南北各大中城市和东南亚各国，台湾也有不少永定人开设的烟行（店）。由种烟、加工、运输到销售，从事这一行业的人数以万计。可想而知，其中一些人在台湾待的时间一长，不免索性就在那里扎下根来。这也是清代部分永定胡氏迁台的原因之一。

（3）灾害饥荒。清康熙年间的《永定县志》记载："汀古为八闽之末，而永又是汀州八邑之末。俗俭而风朴，地瘠而民贫。崇山复岭，旱涝频年，又苦于催科。若夫丧楚歌于野，仳离盈于途，户口之逃亡有如是乎！萑苻啸山林，郊圻喧枹鼓，疆域之沦丧，殆有甚焉。以至忠臣孝子，烈女节妇，随寒烟衰草而泯灭无闻者，何可胜数？仁人君子未有不目击而心悲，念至而神怆者矣。"又据多部旧县志记载，有清一代，灾害饥荒频作。略举数例：清顺治五年（1648），大饥荒，米价涨至一斗千文，折银五钱，比正常价增二倍多；康熙三十三年（1694），大饥荒，米价涨至一斗银一两；康熙五十七年（1718），夏季水灾，秋季瘟疫大流行，死亡一千多人；雍正四年（1726），大饥荒，二月斗米银三钱，五月七钱二；雍正五年（1727），大水溺死、压死170余人，饥荒延续；道光十二年（1832），大饥荒，有钱买不到米；咸丰七年（1857）大饥荒，斗米银一两。可以想见，每次大饥荒，势必造成许多人纷纷向外逃亡，寻求生路。值得注意的是，清康熙以后永定的灾害饥荒如此频繁，如此严重，说明胡氏人于康熙末开始迁台与罹灾逃荒确有一定关系，时间上的吻合，并非偶然。

（4）战乱匪祸。明清两代以至民国时期，永定县常常处于动乱之中。一方面，农民与统治阶级矛盾日益尖锐，引发农民不断奋起反抗，官府则屡派军队血腥镇压；另一方面，明清两代永定备受来自邻近省、县匪寇的抢劫、侵害。金丰里因"其地东邻漳，南邻潮"，"若外寇之出入，……则金丰里为最"。而胡氏聚居地又恰处于闽粤边，自然首当其冲。这样，部分胡氏难以在当地生存，被迫远走高飞，或漂洋过海去南洋，或渡台谋生，就此定居下来。甲午战争后，台湾被日本占领，台、永间交通虽不如以前，但仍未断绝往来。直至1949年，又有一批胡姓人赴台，其中大部分定居在那里。

（5）亲友牵线。先期迁台的胡氏，与家乡亲友常有书信联系，或隔几年回乡探亲，自然而然向家乡亲友传递了台湾的风土人情、他们的创业经历乃至迁移路线、方法等方面的信息。客家人素有艰苦创业、开拓进取的精神，永定胡氏亦不例外。既然有落脚点，又有人接济，有的便跟随回乡探亲者一起渡台了。加上永定胡氏聚居地与厦门、汕头等渡海口相距较近，且有水路可通。水陆兼行，一般三两天可到。在当时落后的交通条件下，此处出海迁台比永定北部地方便捷得多，因而早期迁台人数较之为众。迁台的永定胡氏，从寻找立足之地到成家立业，从养家糊口到购置田产、修建房屋而达小康，为当地经济发展和公益事业做出了宝贵贡献。这其中，走过了一条漫长的艰难曲折的道路。尤其是早期迁台的永定胡氏，人人都有一部艰苦创业的奋斗史。清代的台湾，许多地方尚属未开发的蛮荒之地。早期迁台的永定胡氏离乡背井，家徒四壁，依靠什么生存、发展？在当时生产力十分落后的情况下，他们胼手胝足，百折不挠，主要从事开发性的垦殖业和艰苦的打铁业。如铁缘公的后裔迁居台湾后，大部分以打铁为业，生产各种刀具、农具，因而他们的聚居地素有"中坑千座炉"之称。为了能在台湾占有一席之地，几百年来，迁台胡氏除了依靠聪明才智和顽强拼搏之外，还得益于血缘、地缘的关系。同姓即同宗，同宗即同一血统，这种宗法观念在客家人包括胡氏客家人中根深蒂固，并作为一种传统代代相传。迁台胡氏排辈序、溯根源、认宗亲，紧密团结，互相支持，形成了一个具有凝聚力的群体。随着形势的变化，为了适应生存和发展的需要，他们又不满足于原先仰赖血缘小圈子而形成的群体了，于是不按姓氏，而以县、省地域为圈子的地缘关系群体应运而生。在建立血缘组织"宗亲会"的基础上，建立各种联结"同乡"地缘的社团"会馆"，便是上述变化的轨迹的明证。①

吴福文、张树廷先生对高头江氏迁离大陆时将台湾作为首选的原因概括为：

首先，是地理空间的因素。闽西地处山区，位于永定的高头本是"高山之头"之意，5 个村名中有 4 个以"山"（东山、南山、北山、大岭下）一个以"石"（梅花石）为名，即可见其地理之偏远与崎岖。而古代当地人与所有客家人一样，重视种族的延续与繁衍，如建筑承启楼的江集成（高北 18 世），

---

① 胡大新：《永定胡氏与台湾》，《谱牒研究与五缘文化》2008 年第 9 期。

亲传建字辈儿子4人、千字辈孙子20人、赞字辈曾孙72人，翰字辈玄孙360人，即五代内男丁456人。这样旺盛的繁衍，在贫瘠的山区生存和发展自然有巨大的压力，因而裔孙只有往外地迁徙。而在交通不便的古代，移民外迁往往是由近而远。高头紧挨与台湾仅一海峡之隔的漳州，当地人迁离大陆最近的地方就是台湾；而且台湾气候宜人，土地肥沃，"一岁所获，数倍中土"，在清朝前期，地租又远比大陆低，农民还可不受限制地私垦土地，这对"田少山多，人稠地狭"的高头等地人来说，无疑有极大吸引力。所以，当初高头江姓漂洋过海最早的目的地是台湾便成为自然而然。

其次，是文化背景的影响。永定的龙潭、古竹、高头、湖坑等几个乡镇与漳州的南靖县相连。南靖与这些乡镇相接的长塔、梅林、书洋等乡镇都是客家聚居地。自古以来两县之间通婚、贸易及交往一直十分密切，所以，至今在海外有许多国家和地区都有永靖同乡会。这种地缘相连、文缘相近、习俗相通的文化背景，使两县之间的生活方式和习惯相互影响。而现在台湾2300多万居民中，漳州籍的占35.2%，比漳州现有人口多一倍，其中南靖籍又占5%以上，超过100万，为漳州府所属各县之首，是南靖现有人口的三倍多。因此，明清时期漳州特别是南靖各姓居民纷纷渡台时，必然会对相邻的高头江氏产生影响，甚至呼亲引戚一同前往。这样，高头江氏大量迁台便顺理成章。

此外，还有宗族观念的驱使。敦亲睦族、念祖思乡是客家人的传统。高头位置偏僻，自古以来居民聚族而居，因而家族内部团结互助的观念更加突出。其"家教十则"和"祠规十七则"中，分别有"睦族"与"睦宗族"的要求。其中家教"睦族"所谓"同宗和睦，如彼城垣，寇难猝发，未敢并吞。一箭易折，十箭常存。祸销肘腋，卫等屏蔽"等，即要求团结友爱；祠规"睦宗族"所言："同服之人，更宜有无相通，休戚相关"等，则要求守望相助，互通有无。因此，当其族人渡台时，往往是父亲兄弟同行或祖孙叔侄并往，而当感受到台湾比原乡好谋生时，又及时回乡相告并携家举族前往。如此则迁台人数日多，并将台湾作为第二个高头和家乡。受崇宗念祖与敦亲睦族的

宗族观念的影响,两地之间的宗亲族人便往来密切,互动频繁。^①

综合各家学者的研究,明末清初,人口压力加大,客家人除了向东南亚寻求出路外,台湾海峡东岸的台湾岛,也成为客家人寻找生活出路的好去处。因当时台湾尚未完全开发,还有大量可供开垦之地,加上早期客家人亲族有人曾到过台湾,多少传回了一些台湾的信息,更引起想寻求出路人的向往。客家虽多处于山区,但距离海岸不远,加上清后期取消海禁,渡过海峡入台没那么艰辛了,因此,客家人渡台者络绎不绝。当时汀州属县赴台拓垦者,以汀州南部的永定、武平、上杭三县为多,尤以地处汀州最南端并与潮州、漳州交通极便利的永定县为最。自永定县顺汀江而下,可以直通潮州各出海港口;往东,经漳州至厦门港亦很方便。明末以降,永定县的商品经济长足发展,"商之远贩吴楚滇蜀,不乏寄旅;金丰、丰田、太平之民,渡海入诸番如游门庭"^②。由于本县土瘠民贫,发展空间有限,加之外出谋生已成习惯,在台湾地旷人稀、可以提供良好拓垦机会情况下,永定客家人便大批渡海入台垦殖了。

但是,客家人迁台比之闽南人毕竟晚了一步。当他们到达台湾之时,台湾南部及沿海之地,大多已为闽南人所开垦。可见客家人到台湾之后,是在闽南人尚未入垦之地来开辟他们在台湾的新天地的。

据专家推测,汀州客家人包括永定客家人迁台的主要原因是经济移民。从内外因素看,有台湾岛内发展的需要,也有大陆永定客家人生存发展和经济拓展的需要,特别是永定烟丝经济繁荣、市场拓展的需要,加上客家族群群体相助的动力,促使大量永定客家人移居台湾。

台湾开垦的需要。17世纪至18世纪初,全台汉族人只有几万人,农耕缺乏人力,百姓又多因"阻于洪涛,招徕不易",田地重归荒芜,各地出现萧条的景象。康熙二十九年(1690)的诸罗知县张伊任内,原本县境内多待开垦的土地,经过"招徕垦开,抚绥多方",结果"流民如市"。康熙三十六年

---

① 苏志强:《永定高头江姓迁台述略》,《客家纵横》1997年第3期。

② 谢重光:《拓垦与族群属性:台湾客家史新证》,《武汉科技大学学报》(社会科学版) 2011年第3期。

（1697）来台湾采硫黄的郁永河亦写道："今内地民人，襁至而辐辏，皆愿出于其市"；又康熙四十一年（1702）任台湾知县的陈宝，在《敬陈台湾事宜》中亦谓："台湾自开发以来，由内地迁徙而居于此为士、为农、为商贾者，云集影附，无待议招矣。"康熙五十年（1711）台湾知府周元文谓："闽、广之梯航日众，综稽簿籍，每岁以十数万计。"① 可见台湾开发中的移民潮流，大多来自广东、福建。

经营烟草的对外移民。清前期、中期，已有大量烟丝销至台湾。清康熙以来，永定有大批人士出外开设烟号，经营条丝烟生意，这当中的大部分人受乡土观念影响，在年老时返回故土。但随着时间的推移，许多在外经商人士，由于经商的需要，选择了在地化的经营生产模式，并在那里成婚生子，逐渐在那里开基繁衍。因此，在几百年的条丝烟经营生活中，应有大量的烟商及其后代逐步脱离了与原乡的联结，融入了当地的社会文化，成为永定向外的移民。因此只要永定条丝烟商人曾经前往该地从事烟草生意，那么就存在烟商迁徙定居该地的可能，经商的人数越多，在该地定居的可能性就越大。

1894 年以前，台湾是永定烟丝重要的销售市场。1896 年日文的《台湾新报》登载了台湾烟草销售状况："烟草一般大陆产的占大数，少部分是从外国进口的，去年海关报告的数据显示，有大陆产的烟草 748 担和外国产的烟草 34 担，还有叶纸卷烟草 727 担。大陆产的有红厚烟、乌厚烟、生烟、丝贡、水烟等种类。红厚烟和乌厚烟是漳州厦门等地产的，其中红厚烟的价格是每包六七十钱，乌厚烟每包四五十钱。生烟是泉州和福州产的，分上中下三个品级，其中，上等的价格是 12 钱，中等的是八九钱左右，下等的是五六钱左右。条丝烟是汀州永定产的，上等的每包是 32 钱，中等的 30 钱每包，下等的是每包 28 钱。贡丝是广东和潮州等地产的，上等的每包是 20 钱，中等的每包是 12、13 钱左右，下等的是八九钱左右。"

从这则材料可以知道永定条丝烟在当时的台湾烟草市场价格较高，占领

---

① 陈宗仁、黄子尧：《行到新故乡——新庄、泰山的客家人》，台北县政府客家事务局（台北），2008，第 16—17 页。

高端市场。在前文的条丝烟运输章节我们谈到了厦门输入到台湾的烟丝,其烟叶也有许多是从永定采购的。

这种情况在 1894 年甲午中日战争日本侵占台湾后发生了转变:

"台湾一直是条丝烟的一大市场,自清光绪二十一年(1895)割与日本后,日本政府即重征条丝入台税,自百分之五十增至百分之百,于是售价昂而销路减,商人乃改运烟叶赴台制造。发售未几,日本海关对于烟叶入台又施以种种之奇税。不及数年,永商不堪压迫,不得已歇业回永定。迄今四十余年,营业上之损失,盖难以数计矣。永定条丝既绝迹于台湾市场,日人乃仿制以供台人需要。于是,三井洋行等委托台、厦商人来我邑上丰、南溪、仙师宫等处采买烟叶,运往台湾。当时虽无统计,年约输出数十万至百万斤。永定烟叶停止供应台湾后,殖民政府聘请永定人分派到重要烟作区示范种烟并就近指导烟农。"[①] 随后有大量永定人移居台湾,从事烟草行业。1915 年,台湾学生在假期的旅行报告中写道:

专卖局台北烟草工场:内有原料加工场,有叶组场、有净叶场、有研磨场、有压榨场、有截刻场、有称量场。若叶组场,则用女工多人。其他则机械甚多,若净叶、若压榨、若加油、若截刻,不下十余种。所制之烟,曰"麟烟"。有卷烟机,即取已截刻之烟放入机内,轮机一转,即成完全之卷烟,一条条如流水而出,非常迅速,每小时可出二万条。至包锡纸及入箱,又别有一处,皆用女工为之。附有条丝烟工场……有永定、龙岩各处烟工多人作业其间。

台湾著名的食品生产企业康师傅集团董事长魏应州的曾祖父魏健正是永定古竹乡黄竹烟村人,于民国初年前往台湾从事条丝烟生意,并在台湾定居。光绪年间湖坑商人李标能也把本地产条丝烟运用往台北、基隆、高雄等地销售。

---

① 《永定县志·续志》卷七《烟草(1988—2000)》。

第二节　福建土楼客家在台经济模式与主要产业

　　台湾学者认为，"关于客家族群所从事的产业，与其说是客家人选择了他，不如说是他选择了客家人"[1]，不是因为"客家人"而决定了移民到台湾的经济产业选择，而是客家移民来台所分布的地理环境决定了客家产业经济。客家人分布在台湾不同的地区，有不同的产业特色，例如桃园、新竹、苗栗地区以樟脑、茶、香茅等为主要经济作物，而在高雄美浓地区，烟叶则是主要的经济产业。何以同样的族群却有不同的产业选择？自然地理环境是一个重要的因素。以樟脑和茶叶的生产为例，虽然与当时政府的政策，甚至国际市场需求有关，但更与客家族群移民分布所在的地理环境有关。制樟脑的樟树遍布于大陆南部的山林，与台湾客家族群聚居的地区相当重叠。而针对桃、竹、苗地区客家人茶叶生产的调查，张翰璧的访谈资料也显示出茶叶生产是客家移民在不利的耕作条件下，发展出来的生存适应策略。而美浓的烟草种植，并没有客家的"原乡经验"的因素，而是被日本殖民政府决定的。虽然这些产业在某种程度上找得出与客家文化的亲近性，但单以客家文化的先天性因素来说却不足以完全解释客家人在这些地区的产业选择，这才得出"不是因为'客家人'而决定了移民到台湾的经济产业选择，而是客家移民来台所分布的地理环境决定客家产业经济"[2] 这一结论。

　　什么因素决定了客家移民到台湾的地理分布？根据台湾学者吴学明的整理，共有三个不同的说法[3]：第一个是日本学者伊能嘉矩的"来台后到说"，因为客家人来台时间比泉州人和漳州人要晚，滨海平原地区已无立足之地，因此选择靠山的丘陵地带。尹章义则提出另一个"迁徙过程"的说法，认为

---

[1] 黄绍恒：《客家族群与台湾的樟脑业史》，载《台湾客家族群史·产经篇》，台湾省文献委员会（南投），2000，第51—86页。

[2] 潘美玲：《一个台湾客家地区的形成：日本殖民统治以前中港溪流域的族群与经济》（台湾学者提供）。

[3] 吴学明：《移垦开发篇》，载徐正光主编《台湾客家研究概论》，台湾地区行政管理机构客委会、台湾客家研究学会（台北），2007，第42—61页。

移民为求取更好生活的动机，驱使拓垦者往山脚、水源等山林资源充足之所居住。而 18—19 世纪以来的族群械斗，又推动了台湾客家移民的迁徙，方有当今的客家移民地理分布的面貌。学者施添福则提出"原乡生活观"，认为决定清代台湾汉人移民祖籍分布的基本因素是移民原乡的生活方式，因为客籍移民的原乡是山乡丘陵地的农耕生活，所以渡台以后必然选择与熟悉的生活经验类似的平原台地和丘陵居住。

这三种解释虽然各有所据，其实都无法各自说明客家族群在台湾分布的原因，但也为我们理解客家移民的地理分布和产业选择的议题，指出了方向。也就是说，要从客家族群的地理环境解释产业经济的关联，不能单一归因于地理决定论，因为自然地理环境背后还必须考虑族群互动以及政治、社会的因素。

台湾客家传统产业的经营，深深受到"原乡记忆"的影响。早在明清时期，大陆客家来台主要是居住于土地较为贫瘠的丘陵地区，因而衍生出"山区经济"的形态。台湾是个海岛，海港不少，但都是福佬人的天下，从事海产作业的几乎全是来自福建泉州人的后裔。客家移民大半集中于山区，从大陆原乡带来了成熟的农业技术，因地制宜，在发展粮食种植的同时，又善于利用广大山区之利，发展经济作物，而且还在发展农业、林业的基础上，利用丰富的资源发展手工业。当然随着经济发展，客家人在经商以及文化创意等方面产业也得到很好的发展，体现了客家人勤恳、敬业、和谐、创新之本色精神。

1. 福建土楼客家人在台湾土地开垦权利的获取

客家人入垦台湾，在康熙年间，以屏东的下淡水溪（今高屏溪）东岸近山平原为中心。其他高雄、台南、嘉义等地区，虽也有若干点状的拓殖，但是人数不多，垦面也不大。至雍正年间，他们入垦地的中心，渐次移到彰化、台中一带。到乾隆时期，则北移至台北、桃园、新竹、苗栗一带。新竹的东南山区，则至道光年间，才由客家人所开垦。这是客家人赴台较晚于闽南人之故，只能选择一般人不愿居住的偏僻瘴疠之地，以及靠山麓或贫瘠的丘陵地开辟。客家人虽然比闽南人晚到台湾开垦，但台湾尚有许多山地、林地待开垦，客家人凭着他们在大陆原籍山区耕种的艰苦精神和经验，和客家人勤劳、冒险的传统，向与当地居民所占有之地接壤处的未开垦土地开拓。他们在闽南人已拓展之地见缝插针，立足于闽南人之间，或在立足之后另觅可垦之地开拓。因而他们开垦的足迹，也遍布台湾南、中、北部，并及于台湾东海岸地区。渡海迁台来到居住地，首先是要获得土地开垦的权利，才能安居乐业，这个过程艰难而漫长，也是客家人体现自身生存能力和民系本色的重要过程。

汀州客家人包括永定客家人移居台湾，除了明郑时期随刘国轩等客籍将领赴台的一小部分人，最早的应是康熙四十二年（1703）被先期赴台的闽南人或早期汀州人招来的佃耕者。汀州客家人之所以选择往北发展，盖因其时入垦台湾中、南部的闽南人和粤东福佬、客家人较多，而台湾北部特别是淡水河南北岸草莱未辟，荒地多而竞争少，有利于相对弱势的汀州客家族群自主拓垦创业。

陈宗仁、黄子尧在《行到新故乡——新庄、泰山的客家人》一书中论述了汀州客家人在移民与开垦的过程里提到在淡水的新庄泰山等地有六位垦首，其中四位均为胡姓，他们是胡瑞铨、胡世杰、胡焯猷及胡习隆。实际上胡焯猷和胡瑞铨是同一人，瑞铨是胡焯猷的号。胡姓垦首皆为永定中川人，胡焯猷被称为"文开淡北"开发台湾第一人。书中记载："泰山地区的垦首不少是胡姓人，他们通常会招引同乡或同姓的族人前来泰山佃垦，因此泰山地区亦有甚多胡姓佃户。在现今留存的土地买卖契约中，即可见到新庄平原西侧近山一带承垦土地的佃户有不少胡姓：（1）1742 年有位胡自端向胡林业户承佃土地，年纳业主大租六石。（2）1742 年李俊卖地契中，提及欲卖出泰山地区垦耕土地两处，其四至分别为'北至胡宅田为界''南至胡宅田为界'等语，显见当地有胡姓佃户。在此契中，又有'南至邓宅田为界'，即当地有邓姓佃户。此契内文又有'枫树下屋门口'一语，均是客家语用法，故知此李姓亦可能是客家族裔……（5）1764 年闽浙总督杨廷璋撰《与直保新建明志书院碑》，其中谓业主胡焯猷捐献的寺地中，有'佃胡旭庐二十七名，共耕田八十甲……'"[1]从这些论述我们可以看到在泰山地区除了胡姓佃户外，还有李姓、

---

[1]　陈宗仁、黄子尧：《行到新故乡——新庄、泰山的客家人》，台北县政府客家事务局（台北），2008，第24—25页。

许姓、黄姓等客家佃户。还有就是江姓客族后裔。"《济阳江氏族谱》：渡台始祖江忠藩由永定县来台，从三貂（土名监寮埔）上岸，先至顶三溪，后至内湖宁厝窠，为郭家佃农。其三子江泰安葬于新庄山脚梦古坑，显示此房迁至新庄、泰山地区。"①

赴台拓殖的汀州客家移民分布很广，但以台湾中北部为多。据台湾客家学者邱彦贵、吴中杰的研究，地处"台湾头"的北海岸，包括淡水、三芝、石门一带，这个区域的客家移民主要来自汀州府。而在南彰化平原，也有汀州客家人的踪迹。例如彰化县有个叫作永靖的乡镇，即因永定和南靖县的移民来此开发而得名。日久年渊，台湾中北部的汀州客或迁移，或被福佬化，族群文化特性大多隐而不彰，但彰化的定光庵和淡水的鄞山寺，为我们留下了当年汀籍移民在其地辛勤拓垦的历史见证。②

淡水鄞山寺始建于道光三年（1823），最初主持捐建的总理淡水鄞山寺是张鸣岗，施田充寺经费的是罗可斌，他们都是汀州永定人。张鸣岗的父亲张英才捐得"大学生"资格，张鸣岗则捐得"州同"身份，看来是拓垦有成的垦首；罗可斌与弟罗可荣原在淡水东兴街开店经商，原籍是永定县金砂。当时汀州人渡往台湾，在淡水出入，均以罗氏兄弟的商店为集合点。建庙时以敬献楹联、题捐等形式，参与其事的有永定江氏、李氏、孔氏、胡氏、苏氏、张氏、罗氏等共7姓28人，合总理张鸣岗与献地施主罗可斌，都是汀州永定人，显示出在淡水河流域拓垦的汀州客籍移民中，永定移民占有突出的地位。

后汀州客家人从淡水河流域向桃、竹、苗地区转移，有很多原因，其中主要的一个因素是客家人与福佬人的族群矛盾。尤其是自乾隆五十一年（1786）"林爽文之变"后，客家人与福佬人的矛盾和猜疑加深，互相仇杀事

---

① 陈宗仁、黄子尧：《行到新故乡——新庄、泰山的客家人》，台北县政府客家事务局（台北），2008，第24—25页。

② 谢重光：《台湾客家移民中的汀州客及漳州客、潮州客问题》，《闽南师范大学学报》2014年第1期。

件不断。如乾隆五十二年（1787）今台北县土城与台北市内湖一带漳泉、粤人杂居地方，就发生"分庄互杀"；嘉庆四、五年，今宜兰县的县城宜兰市和头城镇一带又发生粤人与泉人械斗。这些事件涉及的客家人虽是粤人，但其实汀州客家人也未能幸免。彼此毗邻错居的两个族群，又因争地、争水、争山林、争风水等现实的矛盾而摩擦冲突不断，无法和睦相处，弱势一方的客家人只好选择迁移来逃离是非之地。这一态势，因战争威胁与樟脑、茶叶种植的兴盛而加速进行。道光二十年（1840），中英鸦片战争爆发，英舰进逼台湾，台北情势紧急，加之樟脑和茶叶事业大兴，粤籍客家人便变卖田业，迁到桃、竹、苗一带的粤籍客家人聚居区种植樟脑和茶叶，这才摆脱了淡水河流域闽、粤人长期缠斗的局面。而不少汀州客也随粤籍客家人的迁徙潮流由淡水河流域移居桃、竹、苗一带，在樟脑和茶叶经济中找到了发展之路。

2. 垦殖农业经济是福建土楼客家人在台的主要经济模式

《台湾开发史》中论述道：台中地区则以漳州人为多，客家人则分布于台中盆地以东的丘陵地带，如东势、丰原等地区，明显形成"泉近海、漳人居中、客人近山"的分布情况。[①]桃园地区，乾隆二十年（1755）以后，闽属永定县客籍江姓等人士入垦大溪地区。台北地区"乾隆年间，漳人林秀俊、郭锡琉与汀州永定县人胡焯猷、张必荣相继经营新庄、艋舺、板桥、海山堡、新店溪一带，大兴水利"[②]。可见，客家人迁移台湾后，居山为多，且都发挥垦殖的经验，对台湾的开发做出了重要贡献。

前文已述，受"原乡经济"影响，客家人习惯农耕生活，农耕生产依旧是主业。台湾学者施添福在《清代在台汉人的祖籍分布和原乡生活方式》一书中，一开始就强调不同祖籍的汉民在维生方式上的差异，他主张"客籍移民"特别善于稻作农垦。[③]闽汀客往台湾大量迁移和台湾农业发展也有着一定的联系。台湾的社会经济环境在康熙四十至五十年时有了明显变化，因为

① 林再复：《台湾开发史》，三民书局（台北），1990，第110—112页。
② 林再复：《台湾开发史》，三民书局（台北），1990，第115页。
③ 施添福：《清代在台汉人的祖籍分布和原乡生活方式》，台北师范大学（台北），2009，第156—174页。

清初政府管控严厉，禁止台湾向岛外贩运粮食，而长期缺米的华南市场广阔，也因此引发米市的走私，台湾更因为米价低廉、易于营生、未垦地多，而吸引了华南包括闽西农民的移住、开发和投资，展开了 18 世纪台湾的新一波开发热潮。这次开发热潮被称为"水田化运动"，以种植水稻为目的的开垦活动迅速在各地扩张开来，也进一步带动了两岸商贸和货币经济的活跃发展。

客家移民在原乡从事集约化水稻的习惯、水利开发的经验也在台湾垦殖开发中起到了重要的作用。虽然自康熙年间起台湾水稻耕作逐渐普及，且当时的汉移民在原乡已经发展出"岁皆两熟"的集约式稻作，但台湾一些地区在雍正年间的耕作方法还相当粗放，不但不施肥、不用粪，年仅一稔，有时候还休耕。因为康熙末年以前，台湾和大陆之间来往方便，海禁松弛，不少来台移民采取季节性或周期性的移垦方式，"今佃田之客，裸体而来，譬之饥鹰，饱则扬去，积粜数岁，复其邦族"，新开的土地，土壤自然肥力高，移民在缺乏足够的劳力、农具，甚至资金的情况下，没有永久在台落户生根的打算，采取掠夺式的土地利用方式，在短期内可得到丰厚的收获，可以说是理性的选择。直到康熙五十年之后，因海禁渐严，客观形势产生变化，移民开始有落地生根的打算，从而移植原乡集约水稻耕作的方式。竹堑地区的气候，虽有利于集约水稻耕作的发展，但地形和水文有不利的影响，因此台湾农业要从旱稻发展成水稻，从一季发展到两季稻，从粗放发展到集约的水稻耕作，需要大量的时间和劳力才能克服种植用水的问题，故而粗放的耕作直到乾隆初年以后才改变，嘉庆初年以后才有双冬稻作。

客家人熟练的水利技术和宗亲会运作模式，也在垦殖耕作解决水利问题上发挥了作用。清代时台湾的水利设施，因长期受到防变甚于兴利政策的主导，多由民间以"合作开发"的方式进行，也有地方士绅主导参与其中。为水利开发圳道流灌所涵盖的地域甚广，所遇到的困难包括资金、技术和自然灾害为主，所以不是一般农民能独自完成的工程。加上需要经营、管理和维修，而产生了自发性的水利组织和各陂圳透过开发者的合作契约规定。如开圳工费之分担，一般以"主四佃六"或"业三佃七"，或大圳由垦户办理，各小圳由佃人自理，水利设施的维持与水权的分配各有条目，构成经济的结合体。

除了水稻种植外，经济作物的栽培与经营也是重要产业，特别是茶叶、蔗糖、樟脑均为台湾输出大宗，并称"台湾三宝"，风光一时。

甘蔗是清代时台湾最重要的经济作物之一。早期由于价格比米高，加上粗放式经营，又可种植在较不需要水之园地，因此种植面积相当广，相对的水稻种植面积自然减少。甘蔗是清代初期台湾输出的大宗商品之一，还销往日本、吕宋等国，岁可得五六十万两，占出口总值达百分之七十左右。[①] 甘蔗种植以南部为中心，其地也有些属于客家人居住区，是汀州客家包括永定客家人的主要种植作物。

晚晴时期，台湾的经济以米、糖、茶为支柱，台南平原的农业乃是台湾经济发展的基础，台南也是永定客家人迁移居住的一个主要区域。台湾是我国最重要的甘蔗产区之一，而台南平原是台湾栽种历史最悠久、种植面积最大的甘蔗产区。早在元朝，汪大渊所著的《岛夷志略》中，就有"煮海为盐，酿蔗为糖"的记载。荷兰入侵殖民台湾时期，从大陆移居台湾的移民，便在这里垦荒种植甘蔗，并逐年扩大种植面积，使甘蔗的种植在农业生产中越来越重要。郑成功收复台湾后，积极鼓励官民开荒种植甘蔗，并从福建引进甘蔗苗，大大扩大了甘蔗田的面积。日本侵略者占领台湾以后，甘蔗的种植和台糖的生产，首先被日本侵略者掠夺。日本人曾说过：台湾的糖业，就是甘蔗的农业；无甘蔗的农业，则无台湾的糖业。在此期间，日本人大力推广种植白甘蔗，扩建新式糖厂。甘蔗种植面积一度达到全岛耕地面积的1/5，蔗糖生产的产值在台湾工业中占一半以上。蔗糖产量迅速增加，最高产量曾达到140多万吨，仅次于古巴、爪哇。砂糖源源不断地从台湾运往日本，到1941年前，日本每年从台湾掠夺的砂糖几乎占台湾全部蔗糖产量的80%—90%。后来，第二次世界大战爆发，日本急需军粮，这才大大压缩了台湾甘蔗的种植面积，而扩种水稻。到1946年，甘蔗田面积仅剩下4万余公顷，不及甘蔗种植全盛时期的1/4。日本投降以后，台湾的糖业公司为得到更多的外汇，又

---

① 施添福：《清代在台汉人的祖籍分布和原乡生活方式》，台北师范大学（台北），2009，第125页。

迫使农民恢复甘蔗的生产。到 1950 年，甘蔗的种植面积达到 10 万公顷，同年糖的出口值占到出口总值的 74%。20 世纪 60 年代以后，随着经济结构的不断变化，在进出口物品中，农产品逐渐为工业产品所代替，甘蔗的种植面积又随之下降。1977 年，甘蔗的种植面积达到 12 万公顷，为战后最高水平，但蔗糖在农产品中的出口比重不断下降。1978 年砂糖和糖蜜的出口金额，仅占当年农产品及农产加工品出口总额的 5%。可见此时蔗糖的生产和在台湾经济中所占的地位，已无法与 20 世纪 50 年代时相比了。

台南平原甘蔗的品种很多。20 世纪 50 年代曾分别从夏威夷、菲律宾、澳洲及南非等地引进 800 多个品种。过去以从南非引进的蔗种最好，不仅产量高，含糖量也很高，并可缩根连续种植，很受蔗农的欢迎。到 1954 年该品种的种植面积占全省甘蔗种植面积的 81%。但 1960 年以后，此品种逐渐退化，而被新育成的品种代替，新品种的种植面积占台湾全省蔗田面积的 90%。现在台南平原上种植的甘蔗，都是这种新品种。台南平原上的甘蔗生产，带来了发达的制糖工业。平原上大大小小的制糖厂星罗棋布。台南县糖厂最多，是台湾地区最大的蔗糖生产中心，新式糖厂也大都建在这里。从糖厂伸出的条条专用铁路纵横交错，一到甘蔗收获季节，满载甘蔗的小火车往来奔驰。生产出的蔗糖，源源不断地运往高雄港。

茶叶是永定客家在台种植的另一重要经济作物。台湾早有野生茶，根据《诸罗县志》（1717）记载："台湾中南部地方，海拔八百到五千尺的山地，有野生茶树，附近居民采其幼芽，简单加工制造，而做自家饮用。"而根据《淡水厅志》中记载："猫螺山产茶，性极寒，蕃不敢饮。"这种野生茶就是所谓的"山茶"，目前仍可以在台湾中南部山区发现这种野生茶树，但与目前台湾茶农栽种的茶树在品种上并无相关。台湾目前所栽种的茶树品种，是距今 200 多年前由福建移民带来的，而台湾早期的制茶技术亦由福建师傅所传授。目前台湾所产制的乌龙茶、包种茶等茶类，其产制技术皆来自福建。清朝后期的台湾，茶叶是最大的生产和出口品，也促进了台湾北部的发展，将产业重心从原本的南部移转到北部，对后来台湾文化的发展有重要的影响。

清嘉庆年间，柯朝氏从福建武夷山引进茶种，种于今台北县瑞芳山区，相传为台湾北部制茶之始。清咸丰乙卯年（1855）林凤池从福建引进青心乌龙种茶苗，种于冻顶山，据悉为台湾乌龙茶之始。清同治年间（1862—1874），约翰·杜德（John Dodd）对台湾茶业发展有很大的贡献。他移进茶苗、提供技术指导、收购茗茶、设精制厂并外销茗茶，使得台湾的茶业大幅发展。清光绪年间（1875—1908），张氏兄弟从安溪引进纯种的铁观音茶，在木栅樟湖山种植，相传为今日木栅铁观音之始。政府开始推广种茶后，乌龙茶不再受美国市场青睐而滞销，导致包种茶的兴起。日本侵占时期，台湾茶品种除了原本从福建省传入的以外，又经过日本人历年的试验，最后选出青心乌龙、青心大冇、大叶乌龙与硬枝红心等四大品种作奖励推广种植。日本人也大力推广红茶的种植。"二战"时期，因战争爆发，粮食与劳力皆极缺，除部分茶园改种粮食作物以外，原本投注在茶园的农村人力也移转到其他方面，致使台湾茶产业极度萎缩，几乎减产了90%以上。台湾光复后，随着台湾经济起飞，人们对于生活与饮食有了新的追求，于是各地茶艺馆纷纷成立，成为人们游憩生活里重要的品茗空间。当代台湾茶农振兴了绿茶的生产、复原茶种、改良茶种、改进各种制茶法、茶产品多元化、推广茶区，使得原本以外销为主的台湾茶业转为以内销为主，停滞不前的茶业再次复苏。

台湾北部地区的茶叶生产始于道光年间，主要集中在淡水内港地区，当时仅供岛内消费。中港溪流域最早有茶叶种植的记录出于《台湾省苗栗县志》的《经济志特产篇》所记：始于道光七年（1827），有魏阿义者由广东移入茶种开始种植，相传种植在头份至三义之浅山坡地，其中以崁头屋老田寮西流域面积最广，但当时产量不多，仅供农民自己消费。直到光绪中叶以降，中港溪流域的茶叶栽种才成为商品。而竹南一保与竹北一保，直到光绪十八年（1892），甘蔗仍为此地丘陵、山坡地的主要产物。光绪二十年（1894）左右至日本侵占初期，茶叶的栽种开始逐渐取代甘蔗，遍布于竹东丘陵与竹南的丘陵和台地。

18世纪以前，台湾茶叶都为自用。清咸丰年间，八国联军入侵北京后，英商开始到台湾收购乌龙茶。1858年《天津条约》，增开淡水港为通商口岸，开启了台湾茶叶的外销时代。茶叶外销数量增加，制茶技术改良，台湾的茶园也从北部往南一路拓展到苗栗等客家区域。苗栗县小山丘陵多，气候适合种茶，许多人靠种茶采茶改善了生活，全县十八乡镇都找得到茶园。

1885年，刘铭传任台湾巡抚，对茶叶之改进和发展，有较好的扶助：一面保护与奖励茶叶的生产，使生产规模扩大，品质更为提高；另一方面，使大稻埕的茶行，成为台湾茶业的集散市场。统一经营，矫过去的积弊，于1889年联合茶商成立类似同业公会的"茶郊永和兴"，共议规约，去绝私利，同舟共济，共同抵御海外贸易的竞争对手，促使茶业贸易得到大发展，茶园也日扩，东至宜兰，南达苗栗，约有3400万公顷。据《重修台湾通志》载，李乾祥，永定籍，清光绪年间与苏廷福等人联手开垦台湾铜罗圈地，并引导种茶制茶业等，乾祥"自安溪采茶苗植之，筑库房，锐意经营，获得颇丰。嗣得英人约翰·杜德之助，拓展外销，不数年，输出美国者竟达两千八百余担。于是附近高阜皆竞相植茶矣"①。台湾茶叶外销，百年内也多次剧烈变化。台湾自农业社会转型到工业社会后，工业日渐发达，茶园也在缩减。

樟脑是台湾重要的出口产品之一。台湾生产樟脑的历史甚早，最早可上溯至明代天启元年（1621），颜思齐与郑芝龙将樟脑运到日本销售。1890年，开始用樟脑作为赛璐路（一种塑料）的原料，需求量大增。在此之前，樟脑主要是供作药用。樟脑业对于台湾历史文化的发展，也具有相当的影响力。清光绪十一年（1885），刘铭传出任首任台湾巡抚，设置"抚垦局"，辅导人民耕作及采樟脑，并把樟脑及硫黄再次收归专卖，同时还至大料坎（今大溪）、三角湧（今三峡）、咸菜甕（今关西）等地"开山抚番"。在刘铭传的辛勤经营下，根据海关资料，1868—1895年间（1860—1867年间资料残缺），茶、糖、樟脑的出口总值共约占同期台湾出口总值之94%，分别为53.49%、36.22%、3.93%。樟脑业在台湾影响了边区开发、原当地居民的东移、城镇之繁兴、台湾历史重心之北移等。清代时台湾曾占全世界樟脑总产量的70%—80%。1899年6月，日本殖民政府于台北、新竹、苗栗、台中、林圮

---

① 两岸客家研究院编《永定客家台湾缘》，中国评论学术出版社（香港），2012，第38页。

埔、罗东等地设置樟脑局，管理樟脑制造与配售等相关事项。实行公开招标方式，以减少外商对专卖的反对，并利用外商在国际市场的优势，拓展海外市场。最重要的是，大量引进日本资金和企业，使台湾制脑株式会社负责制造，三井株式会社负责销售，进而掌控樟脑的专卖。受到第一次世界大战的影响，樟脑产量锐减。因应局势，乃于1919年将樟脑改为官督民办，成立"台湾制脑株式会社"。1934年因组织缩并，而解散台湾制脑株式会社，改由专卖局直接经营，以对抗人造樟脑的竞争。1941年太平战争爆发后，市场中断，产量遽降，各地脑寮几乎全部停产。台湾光复后，延续日本侵占时的政策，改由樟脑专卖局办理相关业务。至1967年，因人工樟脑的竞争，台湾地区樟脑炼制厂无法营运，才取消樟脑专卖。1985—1995年，民间传统的粗制樟脑业者面临困境，便是因为台湾本地的精制樟脑公司几乎已不再向本地业者收购粗制樟脑与樟脑油，而转为向外购买。早年苗栗铜锣一带樟脑厂多达上百家，20世纪90年代后期，大陆樟脑与化学替代品兴起，樟脑需求不再，外销市场快速萎缩，樟脑价格从一公斤400元跌到100多元。本地粗制樟脑业者不但失去销售的管道，就连零售市场亦受到威胁，本地所生产的粗制樟脑，除了在产地，之外很少见到。

由于樟脑油使用年限长，樟脑业又受到强烈的冲击，于是往日用品方向发展，请教配方、研究调配，将樟脑油做成香皂，又开发洗发精等，近年来向高单价商品迈进，还开发乳液、晚霜、修复霜等美容保养用品。另外建立直营店，于高速公路服务区建直营点，拓展业务。最后结合观光为游客解说樟脑制作，并建香皂DIY教室。目前，台湾樟脑制品年营业额香皂占七成，除直营点的销售外，三成业务是代工多元化的经营，不但将老祖宗的古老智慧保存下来，更为樟脑业带来生机。

3. 商业、手工业是福建土楼客家人在台经济的重要补充

"客属在现代社会中谋生存似乎甚少取得自身族群所提供的人脉、地域、资金等资源，于都市中的营生，主要还是靠后天的努力。追求稳定、避免冒险的价值观促使他们偏好文教公务职业。而投入工商场域者，务本的制造业也多于贸易、服务、金融等方向。"可见客家人在社会经济地位的选择，大都以追求稳定的教育界、社教界、出版界、公务员等中产阶级，或以小吃业、西药行业、手工业等小资本的创业者为主。台北市客家移民最初的职业以工人、小生意摊贩等为主，如水泥工、做学徒、修理钟表、开自助餐、五金店、卖水果等。

（台北）通化街的客家人早期多以种菜、卖菜、油漆工、泥水工、修理自行车、开五金店等为主，后来基于亲朋关系，呼朋唤友，一个拉一个，逐见形成了少见的都市客家聚落。目前的通化街，已经成为药店、小吃、五金、金饰、照相馆的集中街，当地客家人仍然到处可见。[1]

江氏族谱记载，迁台永定高头江姓人氏继承了原乡客家人辛勤创业的传统。他们或垦荒务农，或从事工商，或寒窗苦读，许多人在各行各业都事业有成。如高东上六家三房19世江苍番，"早年往台，白手创业建宅与塾，广殖田园"。高东下四家长房18世江汉瑜于乾隆初走台，"始卜居于摆接堡板桥浦雅庄业农，乐善好施，苍天保佑，致富成家，妻李氏生下四男七女，浦雅深丘江氏业皆其手创"，后裔事业发达，广有财产，是台湾财团之一。[2]

台湾客家人传承了原乡的手工技艺，在台湾客家庄里还保留了许多老行当，列一二证之。

打石。石器在过去的岁月里，在早年客家农家生活当中，占据着重要位置，许多器物的制作原料都是石头，也就有了与石为伍的老行当——打石。比如猪食槽、磨刀石、制作糕点的"石磨"，还有墓碑、地界石、屋居所用石柱等。打石师傅往往备了各类功能独特的专属工具，如锥子就有五六种，配合得当的锥法，反复施锥才能把石头打开，很是辛苦。打石师先要到河里选择石材，得先敲下石片，观察石材纹理走向，再思考加工开石的次序。石材可成剖面或斩面，剖面较为平滑，可在石面看到细微的结晶，斩面容易形成

① 丘昌泰：《台湾客家》，广西师范大学出版社（桂林），2011，第50—51页。
② 苏志强：《高头江姓人迁台述略》，载《永定文史资料》第十五辑，1996，第55页。

坑洞，不易平整，但很容易观察到石材的纹理，且比较好片开石材。初步片开的石材，再以"墨斗""界笔"画出所要石器的线条，沿着线条剖出大致造型，再用工具"崩仔"将石材一一崩解出来。师傅的技艺也是日积月累，打石师傅一般"目水"很准。当然，随着时代进步，有了许多替代品，厚实笨重的石器在生活中的使用量，已经大不如从前，加上电动工具的普及，取代了过去传统手工打石的复杂过程，传统打石技艺也走向式微，但打石的精神与传统工艺依然需要传承下去，因这自有它独特的光芒。

钉砻。在台湾苗栗把"土砻""风车""龙碓"并为农家三件宝，没砻没好食，所以客家人常说"馨声家钉一座砻"，可见土砻在客家农家的重要性。这种充满设计巧思的磨谷农具，可以大大缩短农家取得糙米的时间，家家必备，加上须定期维修，因此衍生了"钉砻"这项行业。"砻"，意为磨，客家话常说"砻谷""砻碓""砻米"。土砻的主要功能是磨去谷壳，主要材料包括泥、竹、木等。外观类似石磨，中心点穿长铁棒以连接上砻甑、下砻甑，其他配件则有砻钩（推动砻甑旋转）、砻斗（入谷）、砻手（穿过上砻甑的横木）、砻衣（收集糙米用）、砻脚（支持土砻站立）、老鼠尾（尖锥状实木，用于微调上下砻甑间距，位于砻心最上层横木两端，卡在绑紧砻手的绳子上）。砻谷时，将砻钩搭上砻手，从上甑中心方形斜缩缺口处倒入稻谷，手推砻钩，带动上甑逆时针旋转。因为上下甑接触面，密布有固定排列方向的砻齿，上甑旋转、下甑不动，砻齿形成的沟槽，产生拔谷、磨谷功能，将稻谷脱壳分成谷糠和糙米，掉入环形的甑衣。砻手上绑有竹刮片，跟着上甑一圈一圈地旋转，将糙米拨出砻衣缺口，掉入"米箩"，再以风车分离糙米、粗糠。糙米再送踏碓成白米与细糠，用"米溜仔"分离开，才取得食用米。土砻设计这么精细，工序复杂的钉砻便是很高超的一门客家技艺了。钉砻师傅受敬重，是因为这门手艺不容易学。制作一座土砻平均要七天，业主要准备 400 斤左右晒干的黄泥，竹材（桂竹、黑叶竹）及木料（榉木、樟树），还有砻心、砻齿、砻钩等。师傅上门后，先剖篾编制外层结构，再取木料制作砻手、砻斗、砻脚。砻钉最讲究，要上山寻找笔直、坚韧、无节疤的杜树，锯成 2 寸长的圆筒木带回家，用刀斧劈开，劈成宽 1.5 寸、厚 0.5 厘米的小木块，晒干后，拿到锅里炒，这一环节叫"炒砻钉"。炒砻钉的技术含量可高呢！炒时要拌细沙，这样才炒得均匀。因为炒得太生容易磨损，炒得太熟则易碎、不耐用。砻圈编好后，底座垫满黄土，上座垫一半黄土呈凹形，用木槌夯实泥土，然后装上砻钉。装砻钉时要特别小心：一要平整，二要有规律。槽的深浅、粗细，砻钉露出的长短、宽窄都要均匀，平整统一，要不就不好使了。当然土砻在现今这个年代已渐渐失去原来的实用价值了，需求量也不比以前，慢慢退出市场是必然的了。

打锡。客家话里称为打锡或焊锡。客家人喜欢用锡做的酒壶、茶叶罐、茶壶等，打锡就成了很重要的一种技能。一件锡器形成要经过 7 道工序。首先是化锡，用小炉子把锡块炼成锡水；接着制锡片，把锡水倒入两块大理石板中间，四边用细绳围住，脚踩石板，冷却后就形成一张和绳同样厚度的锡片，用绳框出薄薄的锡片；接下来是裁形，按照器皿的要求将锡片裁成各种几何图形，一件器皿往往由多块锡片组成；然后是定形，将几块锡片焊接起来，反复锤打平整，这样就完成了一件锡器的基本轮廓；下一道工序是抛光，把锡器固定好，用刀片、抛光轮等把锡器来回轮动，使其表面光洁明亮；最后是吹焊，安上壶嘴、壶耳之类。往往还根据各种不同形状的器具，雕刻上象征着吉庆的"双龙戏珠""龙凤呈祥""年年有余"等文字和图案。锡的特点是熔点高，和铁、铜等金属黏合度好，可以广泛应用于焊接技术上。而且纯锡是一种"绿色金属"，对人体无毒无害，再加上锡没有金属异味，锡器算得上一种储存茶叶的上佳器皿。相对于其他材质的茶叶罐，锡罐独特的金属性和密封性，使它的储存功效更胜一筹。一般的纸制和铁制包装的茶叶，保质期在一年半左右。用锡具储茶，只要密封得当，十年以上都可以不变质。时过境迁，随着社会的发展，塑料、不锈钢类的器皿越来越多，既实用又便宜，极大地冲击了锡器的销路，千百年来经历过风风雨雨的打锡老作坊已难觅昔日繁华。

4. 精彩纷呈的当代客家文化创意产业——以台湾客家桐花祭为例

台湾地区大力提倡创意文化产业始于 21 世纪初，目前它已被作为执政当局的施政目标，由文化机构与地方县乡共同探讨和推动。其中"台湾客家桐花祭"的文化创意项目是最成功的案例。

台湾开展桐花祭活动的地区已经达到 13 市县，62 个乡镇，它已成为台湾四五月间最有影响力、涵盖台湾中北部及东部广大地区的旅游活动，是一种高层策划筹款、企业加盟、地方执行、社区营造，多方合作的文化创意产业模式，既弘扬了客家文化，又带动了客家地方经济，实现了"深耕文化、振兴产业、带动观光、活化客庄"的目标。

2015 年台湾客家桐花祭官网这么介绍"客家桐花祭"活动：每年春夏交替之际，台湾彰化以北山区，东部的花莲、台东，到处都可以欣赏到油桐花满山遍布的雪白美景，尤其是桃园、新竹、苗栗一带客家庄四五月更是"白雪纷飞"，形成台湾最美的风景。客家人经历二三百年"开山打林"的历史。满山遍野的油桐树，曾是客家人早年重要的经济作物，所以油桐树与客家人的渊源相当深厚。油桐生命力强，也被用来描述性格节俭、坚毅的客家人。随着时代变迁，油桐树的经济价值不复存在，但是强劲的生命力，仍在山林间随春日时节花开花落，为客家庄的经济变迁做最好的见证，如同历经多次迁徙的客家民族，在不同环境的淬炼中，总是坚守根本、坚持创新。桐花祭以雪白桐花为意象，传递客家人敬天地、重山林之传统，更以桐花、山林之美为表，以客家文化、历史人文为核心，展现客家绝代风华。油桐强韧的生命力，恰如客家人的硬颈精神。每年桐花盛开之际，期待"'客家桐花祭'与您开一扇'任意门'"。

"桐花"符号的台湾文化创意者抓住了以下几个特征来创意：

一是对"客家庄"的原有经济作物的提升利用。客家人原来的生活中，从制造家具到油漆工艺上都使用桐油，因此他们在山前屋后种植大批的油桐树。可随着塑料产品和其他工艺的进步，桐油的需求量减少，这类经济作物的自身价值下降，但却给客家村留下了大片的树林，如何充分利用？随着台湾经济的转型和文化创意产业的发展，让有识之士在桐花这一花语上进行了文化"凝视"，寻找到了创意之机。

二是对桐花符号进行客家文化深意的发掘和打造，使自然意象成为民系意象。油桐树曾造福客家人，见证了客家人的辛勤劳作和发展历史，体现了客家人的性格中节俭、坚毅、守家的特质。桐花集中在五月开放，纷纷如雪，虽然客家人喜欢喜庆的红色，但创意者把洁白素雅与纯洁美丽相连，把桐花打造为"客家人的守护天使""客家女神"，编写出父母辈的爱情故事，他们在桐树下、桐花美的氛围里开花结果。开幕活动期间以简单祭仪精诚致意桐花，以使之蕴涵客家文化传统并具有肃穆、洁净、虔诚、祈福等文化含义。客家桐花祭的创意团队提炼出桐花文化与客家文化的连接性，并推动以桐花为主题的文学创作活动，让客家桐花来诉说属于客家地区的独特故事。随着越来越多的文学作品的问世，桐花逐渐被塑造成台湾客家人的精神象征之一，而桐花祭也成为一个具有丰富文化内涵和深度的休闲观光节庆活动。

三是以"客家桐花祭"节庆为龙头，创意系列桐花产品。以"客家桐花祭"为核心开展的桐花文化活动，有"美丽五月"，大众赏花、游客庄，举办桐花文学出版、桐花摄影展、桐花集体婚礼、桐花音乐文艺表演等活动，开辟"桐花祭"网。其实很多商品和桐花并无关系，但通过桐花这样一个统一标志进行文化包装后，商品的文化品质得到了极大的提升。桐花还向各产业渗透，开发了桐花布、桐花伞、桐花食品等桐花系列产品。

表 4-2　台湾桐花祭的策划主题状况对比 [①]

年份	阶段	主题	特色
2002	开端	受日本樱花祭启发，客家桐花祭诞生	原景形塑与启蒙开创
2003	摸索定位	客家文化　美丽山林	将桐花与客家联结
2004	导入期	喜迎桐花　恋恋客家	深化文化内涵，文学创作
2005	起飞期	春白五月　人文客家	文化创意产业化，扎根推广
2006	成长期	春桐千姿　雪舞客庄	从产业文化节庆到文化创意产业
2007	成长期	桐花飞舞　萤光点点	千娇百媚，文化创意纷呈

第三节　台湾客家区域的主要物产

20 世纪 80 年代，台湾农业面临转型，农会便提出了"精致农业"构想。

---

① 俞龙通：《文化创意：客家魅力》，师大书苑（台北），2008，第 116—120 页。

"精致农业"不过分强调高产，更强调效益。它以最少或最节省的投入达到最高的收入，高效地利用各类农业资源，获得经济效益和环境效益。可以说，形成农产品品牌的高附加值是"精致农业"的精髓所在。

（1）优质大米。台湾气候、环境相当适合水稻生长，尤其是花东地区，污染少、水质佳，加上早晚温差大，因此常有质量良好的稻米产出。目前台湾食用米若以米质特性来区分，主要有三种稻米，分别是粳米、籼米及糯米。粳米即俗称的"蓬莱米"，黏性介于糯米及在来米中间，其米粒透明，较短圆，全省各县市均有种植，以台中县、彰化县、云林县及台南县的生产面积最为广大。台湾长久以来种植的"在来米"，就属于硬籼，主要作为米食加工原料之用，产地以云林、嘉义为主。至于软籼，就是市售的长籼，口味和粳米相近，米粒透明、细长，以彰化县的产量最多。糯米部分，有米粒较短的粳糯（圆糯），适合酿酒、制汤圆及红粿等用途；而细长形的籼糯（长糯）则多用在包粽子、做米糕及油饭等。糯米产地以彰化、云林及台南一带为主。米食点心一般通称为"糕"，客家人称为"粄"。除了花东产米以外，云林、嘉义也是大谷仓。

（2）蔗糖。清代起，台湾的蔗糖种植主要以南部为中心，台南之甘蔗有三种，红蔗、蚋蔗（糖少汁多），竹蔗（汁少糖多），高八尺或丈余。种蔗之园，必沙土相兼，半沙半土为佳，高下适中为宜。每年正月、三月间栽种（取旧蔗尾去叶），七八寸长，插入土中为一窟。每窟二尺五寸积方，下种后用草灰散布窟边，外又用各种肥物沃之。既得时雨之润，自然发生畅茂。十一二月间，蔗汁初甘（每桶汁五百斤，得糖七八十斤）。正月、二月间当甘（同上得糖百斤），方为成熟之期。到四月为退甘，或留至十一月再砍。砍煮之期，以蔗分先后，若早砍蔗，浆不足而糖少，大约十二月、正月起到初夏止。煮糖三次，一次滤其渣，二次上清，三煮入于下清，始成糖，入漏瓮待期凝结，用泥封之，半月一换，三易而后白，不封者则为红糖。台湾的糖都比较优质。蔗糖也是台湾出口的大宗商品之一，销至日本等国。

（3）蓝靛。蓝靛分为山蓝（大菁）和木蓝（小菁）两种。在平原区，木蓝是农业的副产品。山蓝生长于边区，随移民向边区的开垦，山蓝的出口量也增加，盛产在三湾、兴隆、山下排、大河底、滥坑、大坪林、南港山、东兴、水流东等地。道光年间中港溪流域已出口蓝靛，咸丰年间逐渐兴盛，一直到光绪中期因为茶的栽植遍布原来种植蓝靛的丘陵地时为止。

（4）苎麻。最初由"生番"栽种，用于制造"番布"。自道光中期，除内山自然生长外，移民也开始尝试栽种于农地，而成为重要的农业副产品。道光中叶中港溪流域所在的竹南一堡的丘陵地已开始种植，因为其栽种不费力，又具有高度的经济价值，只要有旱田存在，都会栽种一些。由于台湾的苎麻价格比大陆便宜，所以被大量运往大陆，制成夏布再输回台湾。

（5）茶叶。台湾各地茶类各有其特色，综合起来不外是绿茶、金萱茶、文山包种茶、东方美人茶、阿里山高山茶、阿里山红茶、日月潭红茶、白毫乌龙茶（碰风茶）、青心乌龙、冻顶乌龙茶、高山茶（大禹岭茶、合欢山茶、梨山茶、杉林溪茶、阿里山茶）等茶类，这些茶类各有其特色。客家人与茶是分不开的，从唱茶山歌到采茶舞可证。

（6）樟脑。樟脑和樟木之利，是促进道光中叶汉移民进垦苗栗县中港溪流域内山的动力之一，熬脑区往往也随着土地拓垦的方向而变迁。道光中叶后，当土地拓垦方向朝中港溪流域中、上游的竹东丘陵、竹南丘陵进行时，垦民也入山"采取西兼、藤、什木、柴炭、栳项稍资补贴"。咸丰五年（1855）之前，中港已设置料馆小馆一所，负责收买中港溪流域的樟脑。咸丰六年至八年（1856—1858）开港之前，外商已多次来香山港和中港私运樟脑至香港，此时中港溪流域的拓垦事业还是集中在南庄、北埔一带。光绪十六年（1890）樟脑成为赛璐珞的主要原料，国际需求大增，获利更高，1896年樟脑已是竹堑港及中港的出口大宗。虽然官方厉行樟脑专卖政策，但自咸丰至割台之前，私脑由竹堑港及中港输出到大陆的情况相当普遍。中港溪流域著名的拓垦者为黄祈英与黄南球等人，因樟脑业奠定雄厚的财力基础；而流域内南庄的蓬莱村，因为英国人在当地设置办公处，大量收购樟脑，被称为"红毛"的谐音而得名。

第五章　永台客家创业巨子与贡献

　　客家人继承和弘扬了中华民族优秀的传统，历千年生生不息，又展现了这支族群的独特精神风貌，在华夏文明中有他们光辉的一页。从政界英才国民党前主席吴伯雄、商界创业精英胡文虎到许多的客属风流人物，所体现的就是人们不断颂扬的客家人文精神。客商，从无到有，从小到大，从弱到强，代代薪火相传，一步一个脚印，到如今，已发展成为华商网络的重要成员和积极组织者，就好像星月点缀天宇，如江河纵横大地。磨难困厄的经历、超越人生的体验，锻造了客商坚韧不拔的意志品格；诚实、勤劳、智慧、勇敢的禀赋，成就了客商事业的辉煌。客商的群体已是不可忽视的原乡与客乡重要的经济社会文化发展的重要力量，并做出了巨大贡献，这里只能从永、台两地选择一二客商代表人物进行描述，以起到榜样和示范作用。

第一节　永定"开发台湾第一人"胡焯猷

1. 胡焯猷——永定开发台湾第一人

　　胡焯猷（1693—？，清雍正乾隆年间人），字瑞铨，号仰堂，下洋镇中川村湾角里人，福建省汀州府永定县的贡生，通医术。

　　康熙二十二年（1683），清廷统一台湾后，随即制定了薄赋招垦台湾的政策，"令各府商民有能力者任地开垦"，每甲（合 14.55 亩）上等水田只收田粮二石七斗四升。闽粤一时许多人赴台。康熙末年或雍正初年，胡焯猷渡台创业，到台湾台北新庄定居。约康熙末年在新庄平原拓垦，与林作哲、胡习隆三人合组"胡林隆"垦号，开垦的土地分布在今迴龙、丹凤，经过泰山、新庄，一直至五股，开发、开垦的水田超过324甲，佃户有110户以上。

不久，当地发生瘟疫。他热情施医给药，活人甚众，深受人们感戴，为他以后发展开垦事业提供了很大方便。其开垦从兴直堡的一片荒滩开始，在获得淡水厅的批准后，"出资募佃，建村落、筑陂圳，尽力农功。不十数年启田数千甲，岁入租谷数万石，翘然为一言之豪也"①。又多次回大陆故乡，动员乡亲前往共同开垦，其叔侄全跟随他定居台湾。经过十多年辛苦经营，共垦良田数千甲，年收租谷数万石，成一方首富。

焞猷不仅积极开垦，为台湾农业发展做贡献，而且热心教育事业。见台湾北部地区淡水一带文教事业一片空白，遂于"乾隆二十八年间，自设义塾，名曰明志"，并"捐置水田八十甲余，以其所入供膏火，又延名师教之"，学生常年数十，培养了不少优秀人才。当时，他被清政府和台湾总督分别授予书有"文开淡北""功资丽泽"的奖匾，成为在台湾传播中华文明的杰出代表，民众莫不称颂他的功德。焞猷还曾在观音山修建佛寺，在新庄街建武圣庙。武圣庙是在乾隆二十五年（1760）由胡焞猷所建，咸丰三年（1853）新庄发生漳、泉械斗事件时被焚毁，于同治七年（1868）扩大修建，今列三级古迹。

《台湾通史》为焞猷立传，传中评价："以豪农而勤稼穑，凿渠引水，利泽孔长，于今犹受其赐，是……有功于垦者也。"②

2. 胡焞猷与明志书院

台湾北部的第一座书院就是明志书院。18世纪初期，福建、广东两地的汉人大量移入台北淡水河流域开垦，随着汉人社会的建立，传统的文化亦影响本地。

乾隆二十八年（1763），胡焞猷年过七十，便将半生辛苦的产业大部分捐献设立"义学"（取名"明志"，取读书人志在圣贤，为学先表"明"心"志"之意），校址就在淡水厅兴直堡山脚（即今之泰山），成为台湾北部第一所最

① 连横：《台湾通史》，生活·读书·新知三联书店（北京），2011，第596页。
② 连横：《台湾通史》，生活·读书·新知三联书店（北京），2011，第596页。

高学府。兴学之目的，他自述："平原辟万顷膏腴，足征富庶；市肆聚千家烟火，具见繁滋。凿井耕田，久安乐土；渔歌攸史，渐启人文。第因义学久湮，以致师承无自，虽彰山以南之党塾，设教咸有右贤，而大甲以北之孤寒，负笈苦于远。是以有志之士，难得成材，可造之资，尝多中缀也。"[①]

隔年（乾隆二十九年），闽浙总督杨廷璋立碑记之（兴直堡新建明志书院碑，现镶于屋内之墙上），才改封为"书院"。但当时的淡水厅衙门位于今之新竹，因此在 18 年后（乾隆四十六年，1781），淡水同知李俊民将其迁至淡水厅城内（新竹的明志书院在日本侵占时期已毁坏）。而泰山明志书院的旧址仍旧收有学生就读。光绪二十一年，台北知府规定泰山的明志书院只能称作"新庄山脚义塾"。由于这个义塾，泰山才有"义学"的地名。所以，泰山明志书院真正存在的时间应在乾隆二十九年立碑至乾隆四十六年新竹明志书院落成（即 1764—1781）之间的 18 年，而后只是泰山地方的义塾。至日本侵占时期的 1921 年（岁次辛酉），泰山士绅发起募捐重建，但限于经费只建一进三间来供奉朱子及胡焯猷。直至现在，明志书院仍于每年农历九月二十八来祭祀两位先贤。光复后，明志书院曾被列为二级古迹明令保护，但在 1972 年，管理人胡卯成过世后，乏人管理，几年后明志书院的管理人和信徒发生产权争执，乡公所介入仍无法解决，则委由李氏家族后人协助管理。因长期疏于管理保护，1985 年经鉴定认为它无保存价值因而解除其古迹身份。

3. 胡焯猷的贡献

一是引入客家胡姓乡人，开垦有功。据《同永胡氏族谱》记载：从清康熙末年开始就有很多人移居台湾，谱中铁缘公第 10—13 代迁居台湾的就有 136 人，他们到台湾后大部分以打铁为生，素有"中坑千座炉"之称，其中胡焯猷在台湾影响最大。40 年间，可能曾多次归故里，每次归去，可能都会带一些族人和乡亲赴台。李学勤编撰的《中华姓氏谱——胡氏》，就列表收录了大量胡氏子孙渡海迁台的史实。雍正、乾隆年间，永定县赴台垦荒者举踵，其中应有不少人是受胡焯猷影响所致。我们纪念胡焯猷的功业，应把他的榜

---

① 《永定胡氏族谱·人文篇·胡大新》，2011，第 20 页。

样和表率作用计算在内。《胡氏族谱》记载，胡氏在台约有 1.5 万人，是永定迁台较多的一个姓氏。胡鸿鹣是铁缘公 17 世孙，居台湾桃园中坜区水尾里，他"鸿"字辈同宗兄弟多达 130 余人。此外南投县国姓乡胡石清，与同县县城南投市胡明江、同县水里乡胡进发，台北市胡添登、胡春来，台中市丰原区胡永源等，皆为铁缘公后代，均事业有成。

二是重视教育，乐善好施，慈善之功。胡焯猷所捐献给明志书院的水田 80 甲和平顶山脚的"瓦屋一进五间，旁有厢房十二间，前凿池塘，上接山水，下落庄田"，以当时的水平而言颇具规模。加上他留下作为生活费的水田，合计有一百零八甲之多，尚不包括他对于大士观与关帝庙的呈献，而这只是他与林作哲、胡习隆合组"胡林隆"垦号的三分之一（胡林隆垦号水田当已超过 324 甲）。胡焯猷所献 80 甲水田上的佃农有 27 户，总计"胡林隆"垦号的佃农当在 110 户以上，所垦之地正是林口台地与新庄断层交接处的"天泉水堀"垦地。时任彰化知县的胡邦翰对他的义行感慨道："其慕义无穷，实所罕见，异日人才辈出，莫非该绅为之始基，嘉之，并立碑以记。"捐租兴建明志书院的善举，不仅让新庄当地学子受惠，后来书院南迁新竹后，也带动了新竹一带的书香文风，乡里群众莫不称道，泰山也成为文人荟萃之地，在台湾声名远扬。

同时又捐"八里坌保坡角十八份冢地"为乡民"送死埋葬之区"。相传新庄平原通往桃园台地的山路也是胡焯猷开凿的。民国时期的《永定胡氏家谱》赞赏他"尽出其所垦良田，以兴义学，复建明志书院，延师训士，教化大兴，而一邑皆知仁让焉"。

第二节 "锡矿大王"胡子春

1. 胡子春——"锡矿大王"

胡子春（1859—1921），又名国廉，永定县下洋中川人。清咸丰九年（1859）生，父母早丧，与祖母相依为命。13 岁，随乡人远赴马来西亚谋生。胡子春来到马来亚后历尽艰辛，20 岁开始涉足矿产开发。他先在吡叻当商店学徒近十年，稍有积蓄，便在督亚冷买了一片矿山经营锡业。由于引进欧洲先进的采锡技术，获利甚丰，业务日益兴旺，先后创立了"永丰行""永益和锡米行"等锡矿公司。1901 年 12 月，胡子春投巨资购买了先进采矿设备并注册了端洛矿务有限公司，同年 12 月 12 日的《马来邮报》称其为"东方设备齐全、先进、完善且规模最为庞大的矿场"。他一生拥有矿业机构 30 余处，成为东南亚首屈一指的锡矿企业家，人称"锡矿大王"。此外，还开辟了数千亩的橡胶园和规模巨大的种植丁香豆蔻的"春园"。英国驻南洋参政大臣封其为"太平局绅"，英王封其为"矿务大臣"，马来西亚怡保埠有一条"胡子春街"，是特为表彰其功绩而命名的。清末，海南岛大开发，胡子春被清廷委任为开发海南督办。经过考察，胡子春认为三亚港附近适合开发成日晒盐场，便投资成立"侨丰公司"兴建大盐田，直接引海水晒盐，"盐田渐多，输出日增"，大大提高了三亚食盐的产量和质量。1921 年，胡子春在马来西亚槟城逝世。

2. 胡子春的杰出贡献

胡子春不仅在马来西亚的开发和经济发展中做出了巨大贡献，是东南亚的首富，是锡矿实业家，还是著名的爱国华商领袖之一。他身居国外却热爱故土，慷慨解囊支持祖国的建设和革命事业，在东南亚华侨社会中产生了极大的影响。

华商领袖。1905 年，胡子春等人为加强华侨华人之间的联系，增强华商的竞争力，创立了"以联络商情为主义，以改良积习为目的，以认定商业为界限的新改良商局"，后又成立了"霹雳中华总商会"，胡子春当选为总理。

革命情怀。胡子春少年漂泊异邦，饱受祖国贫弱的苦难，因此救国热情特别强烈。八国联军侵华之后，尤时刻心系国家民族的安危。当两广总督岑春煊出巡南洋宣慰侨胞时，子春即向清廷捐献建设资金白银 50 万两。清光绪三十一年（1905），胡子春回国奔祖母丧，慈禧太后召见，又献银 50 万两。开办粤汉、沪杭、漳厦三铁路，再投资 20 多万两。清廷为此先后封他为邮传尚书、荣禄大夫、琼崖督办。但光绪三十二年（1906）以后，他对清廷越来越失望，加上受到孙中山在南洋所进行的革命活动的影响，与清廷日益疏远，转而积极支持国民革命，屡次以巨款资助孙中山。孙中山在马来西亚期间，胡子春的好友王绍经（永定县人，清末举人，爱国人士。曾受胡子春委托，在马来西亚各埠创办华侨学校，并处理国内的办学和实业投资等事务），代表胡子春与孙中山见面，捐献巨资支持孙中山的革命活动。1911 年武昌起义前夕，胡子春又捐资托王绍经购买武器运回国内支持武昌起义。1911 年 11 月，他和王绍经共同倡议建立了包括嘉应州（今梅州）、潮州与汀州在内的保安会，协助广东、福建两省在上述地区建立革命政府。这一举措对这三个地区的光复，起到了重要作用。武昌起义后，他立即剪掉辫子，继续捐款支持国民革命政府，在当地华侨社会中扩大了革命的影响。

重视教育和慈善公益。胡子春由运用先进技术发展企业的成功经验，体会到兴办教育、昌明科技实乃至国家民族于富强的一条重要途径。所以他毕生在国内和华侨社会兴办学校，不遗余力。在马来西亚办华侨学校，开始得更早。尤令人敬佩的，是在槟城创办中华女学，这是南洋华侨妇女教育开天辟地的创举。胡子春还非常热心华侨公益事业。最为人所称颂的是创立"振武善社"，宣传和免费供应戒烟药水，大力推动禁烟（鸦片），造福侨胞良多。1906 年开始，胡子春委托王绍经在家乡永定县创办了师范讲习所、劝学所、犹兴学堂等。校址设在家乡中川的犹新学堂，成为远近闻名的学校，课程设置极为超前，包括英语、音乐，吸收了永定金丰片和广东大埔数百名学生就读，培养了胡一川（著名画家、著名美术教育家，1942 年 5 月参加延安文艺座谈会，1949 年 10 月后曾任中央美术学院党组书记、广州美术学院院长等职）、胡兆祥（曾任民国政府中央参政员）等一批知名人士。以外，他还资助慈善事业，周济同胞同乡，被称为"南洋的孟尝君"。从此，他在华侨社会中声望日隆，连任吡叻州民政院议员和参事局参事十余年，负责华侨各社团要职。

第三节 "万金油大王"胡文虎

1. 胡文虎——福建土楼客家商人的杰出代表

客家人崇文重教、敢于创新、人才辈出，各行各业的著名人物济济一堂、闻名世界，甚至于改变着历史。客家人物代表是客家群体的代表，有许多典型的业绩和事例，让客家民众认同并成为教育和激励后代的榜样，同时又将在更广泛的领域（包括非客地区甚至于全国全世界）具知名度和有一定影响力。胡文虎是永定客家商业人物代表。

胡文虎（1882—1954），永定下洋中川村人。南洋著名华侨企业家、报业家和慈善家，被称为南洋华侨传奇人物。他从继承父亲在仰光的一家中药店开始，后来在制药方面崭露头角，以虎标万金油等成药致富，号称"万金油大王"。他没有受过高等教育，也不以知识分子自命，却独资创办了十多家中、英文报纸，一度享有"报业巨子"的称号。他发家后，自倡"以大众之财，还诸大众"的宏论，热心于兴办慈善事业和赞助文化教育事业，因而成为有名的"大慈善家"。

胡文虎在客家商业人物中具有代表性。他是一代侨领，是个爱乡爱国的大慈善家。他博施济众，取之社会，用之社会，从而赢得广泛的社会支持。他主张"人为本，财为用"，常说："取诸社会，用诸社会。自我得之，自我散之。以天下之财，供天下之用。"又说："金钱在某种场合应用得当时，它是万能的，有时应用不得当，却会变为害人。为个人或子孙积钱是极笨的事。我不主张把资金存入银行生利，而要用于社会事业，虽无利息可言，但在精神上所获得的快乐是无限的。"① 他热心文化教育和医药慈善事业，捐资援建国内多所学校、医院，还赈济贫民。他在海外创办和捐助的华侨学校达 40 多所。1930 年，向国民政府提出捐资 350 万元，在全国兴办 1000 所小学，已完成 300 多所，后因抗战爆发，600 多所未建成，余款由国民政府用来购买救国公债。

胡文虎在客家商业人物中具有典型性。客家人遍及世界各大洲，创业者的成就为世人瞩目，他独特的创业历史，展现了客家人的创业精神，是经商典范。他的勤劳善思、英豪之气、乐善好施、善结人缘、忠家爱国等都成了

① 蒋国华、王树彬：《胡文虎及其家族研究》，厦门大学出版社（厦门），1993，第31页。

他创业和管理的理念，弘扬客家精神更是其创业之动力。胡文虎曾在《香港崇正总会30周年纪念特刊》上撰文，把客家精神概括为："刻苦耐劳之精神，刚强弘毅之精神，勤劳创业之精神，团结奋斗之精神。"这些作为客家人的精神灵魂同样在其他客家创业者身上得到体现，并转化为管理的理念，形成家族企业文化的精神内核。维持企业内部的和谐和增强凝聚力的黏合剂是感情因素。胡文虎的做法是："用家情维系着兄弟子侄辈，用族情联系着胡氏宗亲，用乡情联络他的客家父老兄弟，用友情聚拢他雇佣的大批外才与朋友。"① 正是这种感情因素把员工凝聚在一起，激发他们回报企业的创造力，乐于贡献自己的聪明才智。

胡文虎在客家商业人物中具有认同性。胡文虎是著名的"万金油大王"，又是著名的慈善家，毕生奉行"取诸社会用诸社会"的信条，致力慈善事业。他是商界精英，侨界领袖。他斥巨资在全国各地筹建医院、小学，促进祖国医疗教育事业的发展；以南洋客属总会为舞台，发动海外侨胞积极参与祖国救亡筹赈活动，组建福建经济建设股份公司；积极购买爱国公债，成为华侨个人捐资捐物支援祖国抗战最多的一人；创办星系报业，"提高国人智识，补助学校教育之不足"；创建南洋客属总会和香港崇正总会，组建南洋各地客属社团，是世界客属联谊活动的肇始人。因此，至今华商大会、客属恳亲大会、华侨侨属大会都无不提及他的贡献，认同度很高。

胡文虎在客家商业人物中具有教育性。他是祖籍地楷模，是客商典范。胡文虎祖籍地福建永定下洋中川，他在家乡声名卓著并得到充分的肯定，家乡已建胡文虎纪念馆展示其一生事迹，共设"客家子弟，辉煌一生""抗日救国，建设桑梓""虎标良药，风靡全球""星系报业，遍布五洲""热心公益，广济博施""客家情怀，爱国侨领""兰桂腾芳，大振家声"等七部分内容，详细介绍了胡文虎家室生平、事业发展、支援祖国抗战、建设家乡、热心公益等方面的情况，从各个侧面宣传胡文虎一生功绩，弘扬他的爱国爱乡精神，

① 蒋国华、王树彬：《胡文虎及其家族研究》，厦门大学出版社（厦门），1993，第31页。

观之令人敬仰。胡文虎纪念馆自 1994 年开始对外开放以来，参观者络绎不绝，虽地处偏僻，每年前往参观的人仍达 2 万多人次，不仅成为闽西爱国主义教育基地，还是一处旅游景点。李鹏同志曾为纪念馆题写馆名。著名的中国历史学家吴泽先生为别墅题词"爱国侨领，汉史留芳"。

胡文虎的事迹具有传播性。他闻名于全国甚至全世界。胡文虎是著名侨领，是"万金油大王"，虎标牌万金油早成为家家必备、老少皆知的药品。胡文虎创业起就在国内的香港、广州、汕头等地以及国外的新加坡设厂，并打入印度尼西亚、泰国、越南，扩展到整个东南亚，还远销欧美。20 世纪 20 年代初，胡文虎便被誉为闻名世界的"万金油大王"。他是"报业巨子"，他创办的华侨界星系报业曾经是华侨中独一无二的报业托拉斯。胡文虎支持抗日，慈善事业遍布全国各地，捐建的学校和医院更不计其数，因此他的声名也远扬海内外，因此胡文虎的传媒价值和客家人物符号代表性是显而易见的。

2. 胡文虎在世界客商中的贡献

胡文虎作为世界客商的优秀代表，他的客商精神、管理理念、经营模式及强烈的社会责任感，对当代世界客商起到了引领和示范的作用，并将继续发挥着影响。

胡文虎先生非常注重在员工中宣传，并亲自践行客家精神，树立了企业的根本精神理念，形成了发展创业的动力。其精神有四：一是艰苦奋斗的韧性精神。客家人创业时的第一件事就是图生存、求发展。他们往往白手起家，以客家人的勤劳、简朴为安身之本，百折不挠、艰苦创业，他们把苦难当成是一笔财富，在成功的道路上历经一次次的失败却从不灰心、从不气馁，善于并敢于从挫折和失败中吸取经验教训，继续前进。二是勤俭持家的传统家庭美德。勤俭作为中华民族的传统美德同样是客家人的传统美德，也是客家家族企业精神的一个重要内涵。墨子说："强必富，不强必贫"，"赖其力者生，不赖其力者不生"。不少家族企业经营出色者，不管是创立期还是发展期，由贫到富，自始至终都非常勤劳、节俭。勤以增收，俭以节支，勤而且俭才能育才致赢，否则用之无节，必致财源流失。客家人在这点上毫不含糊，"食唔穷，用唔穷，无划无算一世穷"，"常将有日当无日，莫把无时当有时"，正是客家人节约精神的体现。三是人文关怀精神和人本思想。要求以仁义立身，以仁义为重，以亲情为重，先正己后正人，培养和营造行善的氛围，使人有行善的驱动力，从而达到人和，达到管理的目的；通过博施济众，取之社会，用之社会，从而赢得广泛的社会支持，这反而增强了家族企业的社会资本。胡文虎先生在这方面的成绩特别突出，他主张"人为本，财为用"，说"我是取之于社会用之于社会"。四是为家族利益奋斗的精神。客家人的光宗耀祖的精神，为家族企业的发展提供了极大的凝聚力和动力。光宗耀祖、发家致富、子孙绵延是客家人最重视的。任何客家人无论是在外地还是固守乡土，从事什么职业，他们都有强烈的发家意愿，振兴家业，努力不懈，代代相传，子孙有所作为，才能为家族增添荣耀。

胡文虎卓越经营发展的奇迹，在此提及一二。

其一是以某种主业为核心，创新性、个性化经营，出奇营销取胜。我们都知道胡文虎是"万金油大王"，他在继承父辈的中药业中，感觉中药不如西药方便，想要制造出更方便的药丸、药膏、药片，因此遍寻老中医，在祖传的"玉树神散"的基础上，创新研制出"万金油""八卦丹""头痛粉""清快水""止痛散"等五种虎标良药，其中以"万金油"最负盛名，也使"万安堂"生意兴隆，至今"万金油"还是大众首选的必备良药。能取得成功有这样的必胜诀窍：一是天时，指的是时代。虎标良药推向市场时，正值世界经济恐慌年代，经济不景气，民众穷困看不了病，能有个便宜实惠良药正合其意愿和需要。二是地利，指的是地域。当时虎标良药推向市场的区域首先是东南亚地区、中国、印度，这些地区和国家都人口密集、山区为主、暑气炎热、疾病流行、蚊虫较多，虎标良药方便携带，正是忙碌生计者居家外出都急需必备的。三是人和，指的是销路。深谙"薄利多销"的经营哲学，物美价廉才能赢得消费者，因此选择了便宜的大众药品为主攻品种，而不是生产贵重药品；同时又在包装上改进，从大瓶变小瓶、从玻璃到铁盒，价格从一元变一角。虎标良药功效明显、物美价廉、携带方便的特色，深受民众喜欢，成了家家必备之良药。

其二是打"报业"战略经营仗，场场漂亮。胡文虎从 1913 年到 1952 年，先后在国内及东南亚办起了十多家报纸，各报以"星"字冠头，组成了一个"星报王国"，在华侨办报史上又是一个奇迹。胡文虎选择报业是因为虎标良药需要宣传广告，但他明确办报也有抗日之目的："一、协助政府从事抗日建国之伟业；二、报道新闻，做民众的喉舌；三、提倡学术，发扬科学之精神；四、改良风尚，善导社会之进步。"① 从胡文虎办报的业务拓展中我们可以发现客家精神在他身上的集中表现，总结为几条：首先，捕捉时机，顺乎民意是他成功的一条经验。胡文虎善于捕捉时机，一旦认为条件成熟，就以其冒险加拼命的精神，坚持到底且要做出成绩。恰逢时机动荡，民众关心时事，他决定办报，而且十几年就兴办十几家报纸，又在福州、香港等地办了六家中文报纸，建立了庞大的遍及东南亚的报业体系，何等速度和气魄。其次是以强手为竞争对手，巧用竞争方式。比如以陈嘉庚为榜样创办报纸，说和他竞争也就借了他的名气；比如别家报纸周末停发行，他却推出周末版；利用各种形式，组织辩论会、读者会，甚至以旅游奖的方式，加强与读者的联系，了解读者对报业的反馈；还有重视人才、网罗人才、爱惜人才，认为只有人才到位，报纸才办得生动、个性、趣味，才能吸引读者。胡文虎的报业发展为南洋文化传播和华文事业发展做出了巨大贡献。

其三是尽显世界客商魄力，有远见地扩展业务。胡文虎充分发挥了客商敢于竞争、开拓进取的精神，他有很强的拓展能力，而且对商机的判断极准。在药业方面，从继承祖业到创新药、从经营药铺到兴办药厂，从总行到分行，年销售量达到 200 亿瓶，虎标牌药品在全世界 95% 的国家完成注册手续，在95 个国家和地区建立了销售点和销售站。在行业渗透上，从药业到报业，再到银行、保险、房地产、电力、橡胶等，他建立了一个庞大的经济王国，但又有中心有联系，相互支持和补充。胡文虎在企业布点上也有远见，把重点放在新加坡和我国的香港。新加坡既是华人的集中居住地，又是连接欧亚的重要商埠，既可以维系好东南亚市场，又可打入欧洲通向世界；通过香港又

---

① 蒋国华、王树彬：《胡文虎及其家族研究》，厦门大学出版社（厦门），1993，第19 页。

能稳定内地市场，使他的经济王国得到有机统一。

履行企业的社会责任是成熟企业的标志之一，是企业家品行的集中体现。客商中涌现了众多有高度社会责任感的企业家，如曾宪梓、田家炳等，当然胡文虎也是履行企业家社会责任的典范。

胡文虎向来认为，钱"取诸社会，用诸社会"，且力行之，每年拨出永安堂利润的 25%，后增加到 60%，作为公益事业的经费。他办了大量的文化、教育、医药、体育及其他慈善事业，自己都记不清捐献了多少，是个了不起的大慈善家。胡文虎或捐建医院、孤儿院——祖国大陆就有福建省立医院、广州民众医院等 12 家，东南亚有 15 所医院，孤儿院十几家；或赈灾——胡文虎本着"尽自己的力量以助人""力之所及即行之"的态度，为海内外受灾地区的难民捐款、捐药品；或捐资教育——他慷慨捐助的南洋华侨学校就有十多所，在家乡和国内其他地方捐助的学校就更多了；或热心客家公益事业——第一个世界性的客属团体"香港客家崇正会"是在他一手支持下成立的，成为当地各省客属人的总会馆，后来又推动"南洋客属总会"的成立并当选为会长；或支持体育事业——提倡体育健身以强国，雪"东亚病夫"之耻，他积极身体力行参与各项体育比赛，而且资助选手参与比赛；或爱国爱乡——抗日战争时期他出资捐药为抗战出力，1949 年又积极推动福建省的"经建运动"，显拳拳爱国爱乡之心。胡文虎对公益事业的热心，对慈善事业的支持，在当时的南洋华侨界是首屈一指的。他做这些，一是因为他的佛愿，一是出于他的爱国爱乡之情，正如他所说，要以"慈善救世为立志基础，忠孝仁义为行事方针"。人们称赞他"乐善好施、胞以为怀、功在社会、造福人群、誉满东亚、望重南洋"①，他确实当之无愧。

胡文虎作为世界客商的代表性人物，在世界客商中有着重要的地位，他是爱国爱乡的侨领，是儒商慈善家，是经营管理的能人，是客家精神与企业精神兼具的优秀客商，他至今仍是世界客商的榜样，是世界客商在世界经济

---

① 蒋国华、王树彬：《胡文虎及其家族研究》，厦门大学出版社（厦门），1993，第 35 页。

舞台上，特别是海上丝绸之路的经济发展中的精神引领，他的经营案例、管理启示、社会责任也会起到示范的作用。

第四节　"万应茶的创始人"卢曾雄

1. 卢曾雄——万应茶创始人

卢曾雄（又名万福），原名卢福山，生卒年不详，活动于清乾隆、嘉庆年间。卢曾雄出生于陈东乡陈东村，出身贫苦，12岁只身前往漳州学医，寓居漳州60年，以医术名世。他选用30余种中药材制成"万应茶饼"，并在漳州设药坊生产。万应茶饼可治多种外感和消化道疾病，疗效显著，行销甚广。时有一云游老僧患病，服后即愈，遂赠联"采集名山药，善疗天下人"，从此卢氏药铺改名为"采善堂"。后，采善堂生产的万应茶饼名声远播，销量大增，成为居家旅行常备药物，销售遍及闽粤赣湘及东南亚各地。卢福山逝世后，其子宏汉承业，将药坊迁回永定，先在抚市，后回故乡陈东。茶饼改用钢模压制，每块重一钱（3.125克），更为标准化。道光元年（1821），翰林巫宜福（永定大溪人）归省，宏汉赠以万应茶饼。巫宜福回京，适值大疫，即取茶饼施治，活人甚众，于是亲自书写"采善堂"三个大字，并题诗一首，寄赠宏汉。宏汉将其制成金字匾额挂在药店中，传诸后代。诗及附序云：采善堂卢宏雄，名医也。创制万应茶饼，著有疗效。顷值京师大疫，服之者药到病除，因成四韵：有客桑君语，良方妙化裁。桔荣先荫外，药引上池来。驱疫千金换，通神六气归。枕中宜宝贵，知是济时才。

2. 常备良药"万应茶"

"万应茶"创制历史已有200余年，以其精良的配方、确切的疗效、悠久的历史，深受群众喜爱，享誉海内外。1956年，卢氏后裔卢文华、卢文寿兄弟俩把这个秘方献了出来，并亲自参与技术制作，由当时的陈东供销社承办经营业务。1977年，万应茶饼载入《福建省药品标准》。1979年，经国家工商总局审核批准，商标为"金丰山牌"。1984年冬，厂址迁到永定城关，纳入地方国营，厂名仍然是"永定县采善堂制药厂"，经福建省卫生厅批准，取得闽卫准字（86）21203 号的产品批准文号。

自改革开放以来，采善堂制药厂取得长足的进步，全面更新生产设备和包装技术，按原配方制作，在保证质量的前提下，生产袋泡剂万应茶，源源供应我国闽、粤、赣、湘、桂、滇、黔、港、澳、台及东南亚国家和地区，驰名中外。2008 年"永定万应茶制造工艺"入第二批国家非物质文化遗产保护名录，2012 年"永定万应茶"获批地理标志产品保护。回大陆观光、省亲、会友的华侨，旅居海内外的客家人，无不带上些万应茶以供自己和亲人备用。

万应茶已是永定客家人的常备药品，也成为旅游品牌产品，因其：

历史悠久。已有 200 多年的传承历史，有很深的文化积淀和品牌文化基础。

品牌建立。已获多种品牌荣誉。万应茶在 1994 年荣获"国际保健医疗精品""展销会金龙奖"；1996 年获福建省林业名特优新产品博览会"最畅销产品奖"；2000 年被省乡镇企业局授予"名牌产品"；2002 年被全国人大九届五次会议指定为会议专用茶；2002 年被上海市第十一届政协五次会议指定为会议专用茶，"采善堂"注册商标 2002 年被龙岩市人民政府授予"龙岩市知名商标"；2006 年被评为"福建省著名商标"；2007 年被评为"福建省老字号"；2008 年入选"国家级非物质文化遗产"名录。近年来该单位连续被评为"龙岩市守合同重信用单位"和"福建省守合同重信用单位"。2012 年"永定万应茶"获批地理标志产品保护，对有效规范永定万应茶的产品市场、维护品牌声誉、促进特色产业健康发展具有十分重要的意义。

消费者认同。万应茶采用 30 多种中药材，经过传统中药制剂工艺技术配制而成。万应茶 200 余年的临床应用，疗效显著，具有疏风解表，健脾和胃，祛痰利湿的功能。用于外感风寒，食积腹痛，呕吐泄泻，胸满腹胀，痢疾等病症。对胃肠积热引起的腹痛、腹泻、痞满、便秘；中暑所致的发热、恶寒、呕吐、泄泻；饮酒过量所致的恶心闷乱；外出水土不和、晕车、晕船、伤风感冒等诸多病症有显著疗效。万应茶在永定以及周边客家地区有很高的认同感，是人们居家或出外的必备良药，特别是在东南亚客家华侨中名声远扬，常是回乡后要带回去送礼的必备产品，因此有很广泛的消费者群体，且认同度高。

　　传统工艺精湛。采善堂"万应茶饼"是用传统中药炮制的中药产品，始于清朝嘉庆年间，由永定著名老中医卢曾雄在漳州执医时所制，是采用永定特有的高山茶叶配30多种中药材，经独特传统工艺加工制成。采善堂万应茶的原产地在福建省龙岩市永定区。永定位于福建省西南部，为闽西、粤东的交界处，东与"闽南金三角"的漳州相连，西与广东梅州接壤。永定属亚热带海洋性季风气候，常年气候温和，雨量充沛，光照充足，动植物种类繁多，具有适宜农、林、牧、副、渔多种经营发展的得天独厚的自然条件，其中山地植物有160多科千余种，药材有140多种。永定的山中生长着大量的天然高山茶叶，为万应茶的生产提供了丰富的原材料。制造工艺精湛，制造过程中的用水都采用产地内金丰山脉下的山泉水，经过二级反渗透等特殊工艺加工，药的加工工艺流程：净选、炮制、配料、粉碎、灭菌、制粒、干燥、包装、成品入库，每一环节都严格规范，符合标准，获得多项达标荣誉。

　　产品升级。把现代先进工艺技术和传统工艺相结合，研制成功万应茶袋泡剂，既保留了万应茶饼原有的药效，又具有泡服方便，溶出快，显效速的特点以及包装新颖、实用等优点，自面世以来，深受消费者喜爱，声誉更加高涨，成为客家人赠送亲朋好友和海外侨胞的佳品。永定采善堂制药有限公司始终将科技植入产品生产，以科技改促效率、降成本、增活力。这些年，他们不断投资技改，在生产万应茶的基础上，又相继开发了银杏茶、清凉茶、银杏叶胶囊等新产品，并购置洗药、切药、压片、烘烤等生产设备6套，代替部分人工操作，提高了工艺的科技含量，稳定了产品质量。

　　卢曾雄的后人努力传承古法茶饼制作技艺，走非遗保护和文化旅游融合之路，推广万应茶旅游精致产品和万应茶制作旅游体验，营销方式灵活，在提高产品质量的同时，也大大提升了万应茶的市场认同度和品牌影响力。

第五节　"烤烟业开拓者"卢屏民

1. 卢屏民——烤烟业开拓者

　　卢屏民（1884—1957），字如芳，福建省永定县坎市镇浮山村乐耕堂人，卢氏县尹公第廿二代裔孙。家境贫寒，20 岁就往广州等地打工，积蓄资金，随后做些小买卖。抗日战争爆发后，广州沦陷，他辗转到了贵州省贵定县与人合伙开设安顺烟行，经营烤烟生意。贵定是我国著名烤烟区之一，在这里，卢屏民了解了烤烟的栽培和烘烤技术。

第一次鸦片战争后，在洋烟冲击下，永定条丝烟生产萎缩。抗战开始后，市场更为萧条，省内烟厂纷纷倒闭。永定晒烟产业破产后，为重振永定经济，永籍科学家卢衍豪于 1943 年从南京寄回烤烟种子在故乡坎市试种，但因烤房设施不完备、烤焙技术不过关，未获成功。

1945 年冬，常年在贵州贵定开安顺烟行的卢屏民回到家乡，见烟乡盛况不再、村民穷困，扼腕不已。为振兴家乡烟草业，让乡亲们摆脱贫困，在贵州接触过烤烟的卢屏民决心在家乡发展烤烟。他从贵州省贵定引进烤烟种子，带领家属、堂侄等人在距离浮山村两里外的洋寨排癫鬼坑开荒种植约 2 亩，把自家荒楼柴间改建成烤房，这是永定第一座烤房。当年，因缺乏烘烤经验，所产 25 公斤烟叶几乎都是黑糟烟或青烟，这次垦荒试种又告失败。

1947 年，卢屏民再度奋起，他分别写信给在贵定的好友苏伯玉和在昆明的胞弟卢如皋，诉说了自己的想法，希望能得到他们的支持。很快，他就收到了云南"大金元"烤烟烟种、贵定"小金元"烤烟烟种，以及这两个品种栽种和烘烤方面的技术资料。一些在贵定的永定乡亲，听说他打算在家乡引种烤烟都非常高兴，有的给他寄钱，有的给他寄资料。这一切，都给卢屏民以极大的动力，他马上动手，在永定县坎市镇浮山村癫鬼坑建起"永定烤烟试验场"，带上家人，开荒引种。为解决资金问题，他卖掉自家一块八分地，买了一座旧房改造成烤房。这一次，他获得了成功，虽然烟叶色泽不够纯正，但已有了烤烟的香醇。卢屏民用这批烟叶制成"华山"牌手制卷烟，在赶墟时摆摊销售。几天内，"永定也有烤烟"的消息不胫而走，引起了长年种植晒烟的烟农们的关注，来咨询的人络绎不绝。当时经济萧条，百业凋零，烤烟种植难以推广和发展，但烤烟品质优良，气味芳香，受到人们的喜爱，从中展现出烤烟的发展前景。晒烟种植逐年减少，至 1949 年，龙岩地区晒烟种植面积仅有 623.27 公顷，总产干烟 574 吨。龙岩县仅剩三友、南方两家卷烟厂维持生产。

1949 年，卢屏民又引进美国"柳叶"和贵定"特字 400"烤烟烟种，分别在山坡地、荒野和良田进行适应性试验，同时，根据永定的气候和湿度对烤房进行改造。是年，不仅探索出烤烟栽培的最佳土壤，而且烤出的烟色泽金黄的达 40%，成品当即被良友卷烟厂以每 50 公斤 4 个银圆的高价抢购，整个坎市为之轰动，烟农种植烤烟热情被迅速激发，种植户数骤增。

1950 年，在华东地区烤烟生产工作会议上，永定被评为优质烟区之一。1956 年，永定烤烟又被定为全国烤烟三大类型之一——清香型的代表，成为国内生产"熊猫""中华"等高档烟的重要原料。此后，永定烤烟生产飞速发展，成为永定县乃至闽西的财政支柱。1957 年，永定烤烟的创始人卢屏民去世，享年 73 岁。

2. 驰名中外的永定烤烟

1949 年 10 月后，永定的烤烟事业逐渐发展，1950 年种植面积 80 亩，产量 6 吨，1978 年种植面积 28122 亩，产量 1546.8 吨。此后最高种植年份是1993 年，种植面积 11.7 万亩，产量 1.9026 万吨，其中上等烟比例为 32.58%，上中等烟比例合计达 99.21%。

永定地处南亚热带至亚热带过渡区。全年气候温和，雨量丰富，阳光充足，无霜期长，是全国优质烟种植三大最适宜区之一。烤烟品种主要有"小金元""大金元""特字 400 号""特字 401 号""长勃黄""北流""柳叶""寸茎"以及从山东青州烟科所引进的美国斯佩特 G—140、G—80，从贵州引进的 K326 等十余种。其中"特字 401 号"品种，自 1960 年在县良种场和先锋烟场建立留种基地、经长期提纯复壮后，以其适应性广、品质优良等特点深受广大烟农的欢迎，成为本县种植时期最长、种植面积最大的当家品种，曾一度在省内外 30 多个县市推广种植。

永定烤烟品质优良，成品烟叶的主要化学成分为：总糖 31.34%，还原糖27.20%，烟碱 2.10%，总氮 1.51%，蛋白质 7.18%，灰分 9.32%。在 1957 年全国烟叶质量鉴评会上，经轻工部烟草工业研究所化验分析和评吸鉴定，认为其外观质量和内在品质均名列全国烟区前茅，上等烟比重分别比云贵烟区和黄淮烟区高 1—2 倍，化学成分较为协调，被列为全国烤烟的"清香型代表"。全县成品烟调拨供应上海、北京、青岛、石家庄、济南、厦门、龙岩等地卷烟厂，成为国内生产"熊猫""中华""双喜"等高档卷烟的重要原料。此后，于 1964 年，在轻工业部和全国供销合作总社联合组织的成品烟质量 5个单项评比中，获得烟叶质量、水分、包装规格、等级合格率等 4 项第一。1981 年，永定金黄二级烟叶样品再次送轻工业部烟草工业研究所化验分析和评吸鉴定，结论是"内在质量较好，香气充足，吸味醇和舒适，杂气纯净，劲头适中，刺激性较小，燃烧性较好"，永定被列为全国 41 个优质烟基地县之一。

1986 年 5 月，中国烟草学会副理事长兼农业专业委员会主任陈瑞泰教授，率领烟草专家学者一行 14 人来永定进行为期 7 天的综合考察，所到之处，见烟田栽培规格比较一致，烟株生长整齐度高，田间群体结构较合理，打顶抹杈比较彻底，具备优质烟的长势长相，建议"把闽西粤东建成以永定为代表的优质烟基地"。

永定烤烟产量的不断提高，又促进了永定烟丝制作和卷烟业的发展。1956年，原湖雷乡私营烟丝作坊迁至永定城关，改为县办烟丝厂。到 20 世纪 70 年代末 80 年代初，试产牌子为"宝莲""奇香""金峰""永定""凤城"的机制卷烟。1991 年 7 月，经国务院批准，改烟丝厂为龙岩卷烟厂永定分厂，生产70 毫米和 81 毫米的乘凤牌卷烟销售省内外。

经过几十年的努力，烤烟产业又上升成为永定地方财政的重要支柱和国民经济收入的重要来源。

第六节 "康师傅的打造者"——魏应州

说到方便面，自然会想到占据中国目前方便食品最大市场份额的"康师傅"，它是顶新国际集团旗下的品牌之一，除此之外，街巷中随处可见的"德克士""康师傅"饮料和"乐购超市"，都是"顶新"旗下的品牌，而其创始人正是魏应州及他的兄弟们。魏应州出生于台湾省彰化县，祖籍福建省龙岩市永定县古竹乡黄竹烟村，是地地道道的土楼客家人的后代。

1. 魏应州及其家族

魏应州，康师傅控股有限公司（以下简称"康师傅"）董事长，顶新国际集团的领头人，1954 年出生，彰化县客家人。魏氏家族祖籍福建省龙岩市永定县古竹乡黄竹烟村。民国初期，魏应州的曾祖父魏健正，在客家祖地闽西做烟草生意积累了一些财富，后迁居到台湾的彰化县永靖乡定居发展。曾祖父迁台后生下一子魏尚莹，魏尚莹成家后又生下了八个孩子，在这八个孩子中除了次子舜仁迁回祖籍地继承祖业烟草生意外，其余孩子都留在台湾经商。而身为顶新国际集团创始人的魏氏四兄弟，是由魏尚莹幼子魏德和所生。魏氏兄弟虽出生于台湾彰化，但仍是地地道道的传统客家子弟。

客家文化对魏应州的成长有很深影响。魏氏家族是一个客家大家族，吃苦耐劳、团结和谐、忠孝和睦、耕读传家、勤俭创业等客家文化精神，是魏氏家族家风家训的重要组成内容。

魏应州四岁那年，也就是 1958 年，父亲魏德和在彰化创立了鼎新油脂加工厂，主营蓖麻油、棕榈油等。魏应州十岁开始，就跟着父亲学榨油，成了家里的重要帮手。父亲在生意场与宗族内的行事风格、社交能力以及对待工作生活的态度，给日渐长大的魏应州留下了很深的印象，且魏应州是长子，挑着大哥的担子，加上客家文化底蕴的熏陶，让他慢慢成了一个能统筹大局、擅长处理人际关系、决策果断、个性沉稳、行事低调的人，这为他的成功奠定了坚实的基础。

2. 魏应州的商业业绩

（1）鼎新油脂厂的故事

1978 年，父亲魏德和去世后，魏应州就带着三个弟弟接管了父亲留下的鼎新油脂厂，并将"鼎新"更名为"顶新"。在当时，虽然顶新油脂厂前后历经二十余年的发展，但实际在业务上并没有太大的起色，直到魏应州带着弟弟们接手时，这个油脂厂的业务仅仅局限在周边的四五个村子内，表面上看似能够维持，但其实负债不少。二十五岁的魏应州四处筹钱渡过难关，最终靠不懈努力建立起了属于自己的商业王国。

有一次，女儿想要喝椰汁，恰巧在外的魏应州便前去给女儿买，就这么一下他就联想到："何不尝试开发一下新产品，比如试试椰子油的效益如何？"魏应州就这么在家人反对的情况下，义无反顾地买下了当时彰化县仅有的一万余株椰子树用来生产椰子油。所幸经过四兄弟的齐心协力，靠着这个椰子油，魏应州不仅还清了当时顶新油脂厂的债务，还存下了一笔款项。此后的八年时间内，魏应州借着这股势头多元化经营，开辟了花生油、菜籽油、玉米油等多种油类的生产，不仅振兴了衰败的油脂厂，更让他积累了进一步发展的资金。

20世纪80年代，大陆发布了一项吸引台湾同胞前来投资的政策，吸引了不少台商的投资，这让初尝成功的魏家兄弟十分心动，决定奔赴大陆创业。因为正处于油厂的事业上升期，重点就放到油脂加工这个项目上，先后在北京、济南、秦皇岛、通辽开办了四家企业，生产过"顶好清香油""康莱蛋酥卷""蓖麻油"等产品，不仅在产品上下足了功夫，在产品与品牌的宣传上也付出了不少心血。虽占据地利与人和，由于产品在成本和价格上不具备优势，所以几年内，魏氏四兄弟几乎颗粒无收，甚至赔上了本钱。

（2）康师傅方便面的品牌打造

魏应州在油脂项目上受挫后，无论是身体上、心理上还是财力上都深受煎熬，经营路线与方向的定位失误将他重重地打入谷底。为了省钱，魏氏兄弟选择坐火车硬座先从通辽到北京，然后再回台湾，然而这一趟，就坐出了一个天大的契机。

当时还是绿皮火车的年代，从通辽到北京需要长达十八个小时的车程，饥肠辘辘的魏应州一行，在座位上看着周围的人吃的东西，突然想到了自己包里还有六包从台湾带过来的泡面，一泡开，香味立马就引来旁人的围观，询问在哪里才能买到这种方便面。魏应州不禁想，大陆出门务工的人这么多，不管什么交通工具客流量都非常大，速食产品市场在大陆还处于空白，市场是很大的。后来经过市场调查发现，在当时的大陆，方便面市场两极分化特别严重，要么是特别便宜但是质量一般，要么是进口的特别贵，中间段市场很有潜力。

1992 年，魏氏四兄弟回到台湾后开始四处筹钱。但受到前几年生意失败的影响，一时间很多人都不愿投资，魏应州便开始在油脂厂内进行员工认股投资。资金筹备到位后，魏应州和兄弟们怀揣着资金和梦想来到了天津，正式创立了"天津顶益国际食品有限公司"，并选用了一个胖胖的厨师形象，取名"康师傅"，寓意健康专业，专门生产方便食品。这是魏家最后一次放手一搏的机会，他们把所有的筹码都押到这个项目上，只要失败就会负债累累，所以魏应州必须采取果断且严厉的管理风格。

区别于当时市面上的方便面食品，"康师傅"不仅在面的品质上有所提升，而且还开发了桶装型，并加入了各种调料包，配上了食用叉，再加上价格公道，一经销售，康师傅方便面便风靡全国。从当时"康师傅"的生产线产能来看，甚至连天津本地的市场都无法满足，但即便是这样，魏应州仍然坚持只把两成产量留在天津，其余八成面向全国，以此来打开全国知名度，后来的事实证明这样做无疑是明智之举。

魏应州对产品也十分认真仔细。为了保证康师傅方便面的口味与质量，在刚起步的那几年里，他每天早晨都吃自己生产的方便面，要求一大早就将所有生产线上的样品都送到他的办公桌上，然后他逐个抽样品尝，如果有不合格的就立即要求停产改进。在获得成功后仍然如此注重产品的品质，也是魏应州成功的原因之一。

（3）康师傅产品线的丰富

由于"康师傅"在全国范围内的市场占有率不断扩大，魏应州抓紧扩大工厂的生产规模，短短两年就有十余条完整的生产线投入生产。从 1994 年起分别在广州、武汉、重庆、西安、沈阳等地设立生产线，全国布局形成且稳定后，"顶新国际"开始着手多元化生产，将产品链不断丰富，不仅着手于速食产品，更在饮品和糕点等领域不断拓展，这也是旗下"顶津""顶圆"和"顶益"三个子公司的由来。

顶新国际集团在天津开发区兴建了 4 个工厂共 21 条生产线用来生产糕饼，于 1996 年在杭州兴建了 13 个工厂共 82 条生产线用来生产饮料，而重中之重的方便面，规模也日益庞大。顶新国际已经成功占领了大陆方便产品至少三成的年产量，这个数据是同年台湾方便食品产量的十余倍，魏应州一时也被称为"中国面王"！"康师傅"这个生产规模也超过了日本日清食品公司的年产量，成为世界第一大方便面生产企业。①

（4）顶新国际集团的扩张发展

在"康师傅"获得巨大成功后，1996年，顶新控股公司在港交所上市，同年，"康师傅"并购了德克士公司，正式进入西式快餐业，发展至今，仅德克士一个品牌就已经在中国建立起了几百家连锁店。第二年魏氏兄弟操起了老本行，联合台湾的南侨集团，成立了一个名为"天津顶好"的油脂产品加工公司；第三年，顶新集团旗下的"乐购"成立，这意味着"康师傅"全面踏入了仓储量贩式阶段。2009年，意气风发的康师傅购入台北101大楼的股份，自这一步开始，魏氏家族在台湾的经营地位便不言而喻了。

当然在扩张的过程中，顶新国际集团也遇到了很大的挑战，主打的方便食品销售量急剧下滑。为了应对这一突发情况，让公司回归正轨，魏氏兄弟在很多方面都做了改变。即使是这样，局面还是没有太大的改观。而后经过一系列调查、商讨，同时公司内部也不断进行测试，原因原来是集团不断扩张，重心有所改变，大众对于一直没有创新且口味单一的方便面产品消费疲劳了。在得知调查结果后，魏应州当机立断，立马派专业人员前往全国各地，从各地饮食特色入手，着手研发各种口味的方便面品类来适应市场。顶新集团也总结了经验，这对顶新集团未来的发展产生了深远的影响。

扩张的路线有好的一面，当然也有不足之处。顶新集团当时在并购味全公司时也发生了一系列意想不到的事情。1998年，魏氏四兄弟并购了"味全"这个食品企业中的庞然大物，得到了味全集团的管理权。次年，魏氏四兄弟进一步加大了在味全集团的股份，但是就在这一年以后，味全集团的股价暴跌十五倍左右，现金流的大幅缩水直接导致了顶新集团的资金问题。集团扩张前进的步伐过快，现金流消耗过快，这一系列的弊端在这一刻全部爆

---

① 李黎、顶新集团：《"康师傅"大陆展宏图》，《海峡科技与产业》，2009年第2期，第37—38页。

发，顶新集团在外界和内部各种压力下财务状况开始告急，只好选择放弃一部分"康师傅"品牌的股份以向外界寻求周转资金渡过难关。经过各方洽谈，在这个时期创始于日本的三洋食品株式会社决定用一亿余美元买入"康师傅"三成多的股份，但魏应州仍然享有对"康师傅"的管理与运营权，顶新集团这才渡过危机。这次危机让魏应州深刻认识到集团的运营，需要合理发展，谨慎选择，思之又思，这种审慎的态度也让后来的顶新集团没有重蹈覆辙，同时也更加重视严密的市场调研、销售渠道的精耕细作。自此以后，顶新集团就进入了"黄金十年"，作为速食食品起家的"康师傅"也真正坐稳了速食食品的龙头位置。

3. 魏应州的企业管理理念

（1）取之于民，用之于民，回馈社会，永续经营

魏应州始终让顶新集团按照"取之于民，回馈社会"来行事，他带领着三个弟弟以集团名义从事各种公益活动和慈善事业。魏应州捐建了十余所希望小学，集团还专设了一项"顶新基金"，专门用于乡村学生的教育援助，并派遣专职的工作人员负责顶新集团对贫困地区、贫困家庭的援助和为学生们捐赠教育物资的活动。由于"康师傅"起源于天津，顶新集团拨了许多资金以赞助天津足球的各项活动与赛事的开展。除此之外，顶新集团在"5·12"汶川地震等灾情时也大力进行资金与物资的捐助，更大程度上诠释了"顶新"的企业理念，也在很多方面体现了魏氏四兄弟身为客家子弟的社会担当。

热心家乡公益事业。由于魏氏家族的祖籍在福建的永定县，魏氏四兄弟获得成功后在回馈社会、回报家乡这方面自然是不遗余力的。1996年，魏氏家族为了援助家乡的教育事业，捐助大量资金为家乡的重点中学和小学修建校舍，以改善教学环境与学习环境，为家乡的下一代提供了更加安稳的学习条件。魏氏四兄弟中的老二魏应交，也在1997年返回故乡参与了受捐学校校舍完成的仪式。在故乡，魏氏家族至今仍受到乡亲赞赏。由于魏氏四兄弟本身是客家子弟，于是他们协助台湾的永定客家同乡会筹办了一个新的交流会馆，为在台湾的永定客家同乡提供了一个如家一般的交流中心，让客家同乡感动不已。

魏氏四兄弟的公司已经成为食品行业的龙头企业，并不断尽着社会责任。身为董事长的魏应州曾经说："我……中华民族的情结很重。站在历史的角度来看，正是有了改革开放的机会，才让我们中国人有机会富起来。因此，我一直在思考，财富来源于社会，怎样才能回馈于社会。现在，'康师傅'仅在天津地区就有六千多名员工，加上他们的家属就将近有两万人了，我觉得自己的责任很大。'康师傅'还得继续努力，才不辜负所有关心支持我们的人的期望。"①

（2）客家家训的传承

"家和万事兴"这句家训在如今的魏氏兄弟身上体现得可谓淋漓尽致。自从四兄弟迈出自台湾到大陆投资的那一刻开始，四个人都遵循分工不分家的原则，虽然都有各自负责的业务板块，但大家都把每年的收入全部集中到家族基金中，四对夫妇再按照均等的权益领取自己的那份。

面对公众对魏氏家族这一原则的好奇，魏家兄弟解释道："首先是有身为大哥的魏应州对家族其他成员毫无保留的引领，其次才有这三兄弟围绕着大哥互帮互助，让整个家族变得更好，而不是为了个人利益钩心斗角，这才形成这样一个原则。同时，不管四兄弟做什么工作，赚的钱要尽量交回家里的基金，叫作'小人民公社'。"②一直到今天，魏家兄弟还是遵守不让家属插手经营事务的约定，秉承"家和万事兴"这句家训齐心创业。

（3）客家"硬颈"精神

魏应州一路走来愈挫愈勇，无论多大的挫折都没有把他真正打趴下，反倒一次次让他怀揣更加坚定的决心，以更加强大的力量、卷土重来的精神重来，亦让对手从心底里对他敬佩！

不仅集团外部是如此，在集团内部亦然。由于早年间不断尝到失败的滋味，魏应州比任何一个人都明白那种滋味是什么味道，那些原来与他一起共事的人无一不评价魏应州是一个真正有勇有谋的好将领！无论是对宏观的把

---

① 夏燕：《"康师傅"牵动两地十数年》，《独家策划》，2008 年第 7 期，第 26 页。

② 绦子：《魏氏四兄弟打造康师傅江山》，《时代风采》，2003 年第 10 期，第 40—42 页。

控还是对细节的处理，他都有着独到之处，严格的管理方式又让旗下各个层级员工执行力极高。魏应州在获得成功后并非只知坐享其成，即便后来身为跨国集团的董事长，他仍然保持着清晨六点就上班，甚至半夜十二点还在伏案工作的态度，他的作风也使每一位员工都拥有高昂的精神面貌。

以一碗泡面攻下大陆市场、建构行销网络的顶新集团，在已经取得成功之后，仍提出了"要创造出一个世界级的企业"的豪语，使"顶新国际"不断再创高峰，充分展现了客家人的"硬颈"精神。

纵观魏应州的商战人生，他从接手一个日益衰败甚至负债累累的油脂厂开始，就一直在跟命运做斗争，一路磕磕绊绊，几度濒临破产，即便是这样，他仍能重整旗鼓，不断抓住一次又一次的机会向未来发起挑战。从这里我们不难看出，一个人在获得成功的道路上需要的不仅仅是一个"天时、地利、人和"的机遇，更难能可贵的是一颗百折不挠、愈战愈勇的心，是面对机会敢于果断抓住并为之奋斗的勇气，是成功后仍能不骄不躁开拓进取的客家精神。

第六章　闽台客家商缘的现代价值与运用

　　客家人不管走到何处，都不忘故土，追寻根源，对于"原乡""祖地"可以说是魂牵梦绕。龙岩市永定区是闻名遐迩的"土楼之乡"、台胞重要祖籍地和客家祖地之一，也是全国对台工作重点县和海峡两岸交流基地。利用客家祖地优势，以客家文化为纽带，不断深化与台湾在经贸、文化、教育、宗亲交流等方面的合作，促进了两岸基层民众的交流与合作，提高了文化认同、根源意识和合作意向。由于两岸同缘同根同亲，文缘相通、亲情相牵，台湾客家群体重寻根、追本源，必然把客家祖地作为重要的桥梁和平台，回来寻根谒祖、共叙亲情，在文化认同、亲缘相寻、民间交流等方面都能通过根文化的纽带找到共通共鸣共情的切入点。寻根意识在两岸基层客家民众交流中发挥交流沟通、文化认同、活动媒介、凝聚情感等功能。客家祖地文化使客家民系形成高度一致的文化认同，培养了本民系的文化自豪感，自尊自重自爱，在两岸基层民众交流中发挥着重要的纽带作用，最重要的表现是创业者对客商精神和客家人文精神的共同传承与发扬光大。客家人文精神在客家人建设家园、海外拓展、生存发展中发挥着精神动力的作用，客家人文精神的传承与传播，将起着新的引导、支撑、动力和精神家园的作用。

第一节 两岸客家商人对客家精神的继承

1. 客家精神

福建土楼客家人作为汉民族重要的一支民系，继承和弘扬了中华民族优秀的传统，历千年生生不息，又展现了这支民系的独特精神风貌，在华夏文明的创造中有他们光辉的一页。

不少国内外客属或非客属人士都对客家人及其精神特质给予很高的评价，观点不一。一说客家精神是政治激情变革精神，"没有客家就没有中国革命"。传教士肯贝尔说："客家人确是中华民族最显著、最坚强有力的一派，他们的南迁是不愿屈辱于异族的统治，由于他们颠沛流离，历尽艰辛，所以养成他们爱国爱家爱种族的爱国心理、同仇敌忾的精神，对中华民族前途贡献，将一天大似一天，是可以断言的。"英国学者布肯顿在《亚细亚人》一书中，一连举出客家人的勤劳、刻苦、节俭、慷慨、团结、爱国、敢作敢为等优点，赞美客家人是"牛乳上的乳酪"，认为"客家人精神就是亚细亚精神"。对客家人如此高的评价当然不能说完全恰当，我们需理性审视，但也从一个角度说明客家人在近代中国历史上书写下了重重的笔墨。二说客家精神应体现客家民性民风的特点，应指客家民系的特质。客家学研究先驱罗香林先生在《客家学导论》中把客家精神概括为两点（但书中未使用"客家精神"一词）：客家民系特性为客家人才辈出，客家妇女令人敬佩；客家人勤劳洁静，客家人好动不知足，客家人冒险与进取，客家人俭朴质直，客家人刚愎自用。三说客家精神就是创业之精神，胡文虎先生曾在《香港崇正总会30周年纪念特刊》上撰文把客家精神概括为："刻苦耐劳之精神，刚强弘毅之精神，勤劳创业之精神，团结奋斗之精神。"四说客家精神就是客家民系的个性品质：客家人具有机警活泼、勇敢、刻苦、勤劳、负责、团结、坚忍、尚武的品德，无论男女老幼，心理、精神、体力均坚忍不拔，耐饥、耐劳、耐苦、耐烦性甚强，具有正直诚挚、整洁的民族性和独立斗争的精神。

概述各家之说，可以发现客家精神与客家民风、品格特性相通，也有理想化扩大化之处，但有一点应该是共同的，即客家精神源于中华民族精神又有自己民系特有的精神特质，是客家人的生存环境、物质生活、精神生活所决定的。客家精神是客家民系在生存发展繁荣的奋斗过程中形成的，是客家人追求的个性素质、人生态度、思想原则、精神信念的总和，是维系客家生存、推动客家民系发展的既独具地域特色又富有群体普遍意义的精神品质，是客家社会持续发展的基础和客家文化传承的载体，而客家伦理精神（表现为伦理道德观念）是其内核，是协调处理人与人关系时形成的独特的习俗、规范、准则。

从价值取向看，客家人采取的是人伦实用化和社会世俗化的基本价值定向，或者说是实用入世的价值取向。客家人与其他民系一样怀着两个古老的梦想，一是衣食足仓廪实，另一是人与人相亲相爱的"大同世界"，前者是求生存温饱，后者是求平等和谐。客家人受特定生存环境的影响，其价值取向自始至终植根于农耕文明基础之上，形成一分耕耘一分收获的务实避虚的精神。这种价值取向体现在客家人的宗教意识中则是多元信仰，只要能保我平安、佑我富足者都信奉。客家民系的务实精神，体现在创业活动中，呈现的是顽强执着的敬业进取精神。进取之路一是大兴文教发奋读书，二是跨海出洋，他们的胸怀和创造力把发展的目标投向山区外的世界，"一条扁担挑天下"，"宁愿出门做到老，不愿在家吃老米"，表现出内陆农业民系少有的开拓精神。这在海外的客家创业者中表现尤为突出。从胡文虎先生到曾宪梓先生无不是富有进取心、富有开拓精神的优秀企业家。这一精神依然是以效率为重的市场精神之一，有耕耘才有收获，有投入才有产出。市场竞争更是要靠能力与实力去拼搏，正如客家人常说的"凭真本事吃饭"。

从人与人间的关系看，客家伦理注重并选择群体本位，形成了以和谐为贵的群体精神。群体精神与客家人的生存环境密切相关。客家先民是外来的族群，现实环境使他们以血缘为纽带把个体生命联结成生死与共的整体，而在与迁入地环境的抗争中，又以家族为纽带共同开拓创造物质精神财富。从语言、风俗、居处及其理想追求等方面都深深积淀了客家群体精神。客家民系的群体精神支撑着客家人以群体力量去为生存而奋斗，也孕育了客家人爱国爱家、团结协作、敬老扶幼、务实求实之精神。与群体精神相连的是以和为贵的团队精神，这种精神能使客家创业者重视"人和"，强调人际关系的协调，形成了以人为本、以和为贵、以德为范的人文管理体系，发扬了西方市场运作中所缺乏的团队精神，有利于消除内部纷争，形成整体力量。群体精神与市场经济追求的合作效益有一致之处。合作是经济发展和社会进步的根本条件之一。合作的价值在于可以促成效益的创造，可以通过降低交易费用和竞争成本，形成资源的共享和优势互补，促进专业化的发展，创造规模效益。客家人有自己认同的群体精神，好客热情、善于交际是客家民系的善良本性与独特魅力，也将是客家地区对内对外开放，迎四海宾客招商引资的最好心态。中国改革开放之初在闽西涌动的以"闽特区""闽沿海"为主要内容的澎湃的"打工潮"，正是客家人作为内陆农业民系开拓精神的表现。这一点在海外客家创业者中表现得更为突出。同时，客家人的吃苦耐劳，不畏艰辛，特别是客家妇女的吃苦精神更是赢得四方赞誉。

客家人崇尚"人情味"。血缘和亲缘倾向奠定了客家伦理精神的情感根基，使客家人的道德取向具有浓厚的人情味，同时也具有难以突破的血缘宗法的局限。客家人崇尚"人情味"，离不开"人情味"，只要一踏入客家人的门槛，浓浓的乡情、亲情、人情便将你包容。这种人情味表现在人际交往、爱国爱乡、返本追源、祖宗崇拜等方面。人际交往上，客家人重情。在道德判断中常加以情感化，别人对自己好自己就要"以心换心"，否则就"没有良心"；要"知恩图报"，"别人敬你一尺，你要敬人一丈"，"滴水之恩当涌泉相报"。人情味的交往，是客家人经营之道的黏合剂，"和气生财""亲帮亲，邻帮邻"，如今打工潮中整村整户出发的现象就是很好的例证。人情味的人际交往充满人道主义色彩，对克服剧烈市场竞争带来的人情淡漠、私利之心、极端个人主义、拜金主义等具有积极抵制作用。有"人情味"更是吃水不忘源头，溯本追源，不管走到哪里都对家乡有拳拳眷恋之心，并由此发展成浓厚执着的爱乡爱国之情。客家地区多侨乡，海外客家乡亲不仅关心支持家乡文化教育事业，而且还投资发展家乡经济，为客家地区的繁荣发展奉上了一份厚礼。客家人的农耕文明带来的口口相传的文化，促成他们对先人生产生活经验的依赖，也形成了强烈的祖先崇拜意识，这种意识的形成反过来又使客家人的"人情味"像客家妇女亲手酿造的米酒那样又浓又烈，醇香诱人进而发展成浓厚执着的爱乡爱国情，这种高尚的"人情"无疑是值得弘扬的。

客家民系既有开拓冒险精神，又有开阔的眼界和善于接受变迁的能力。客家人无法安于现状，只有开拓进取，敢于冒险，抓住机遇，并且在居无定所的迁移环境中适应它，才能顽强而坚毅地生存。他们在忧患变革中发展，宽容、开拓、进取、应变是客家人凝于血中的品性。

当然必须理性审视客家精神，不理想化扩大化，而且要辩证地看到客家民系同其他民系一样存在的消极因素，实用入世须防自满，群体本位不应成为宗派主义、山头主义的代名词；"人情味"莫渗透至政治领域成为不健康的人情关系；开拓进取，敢于变革，也常与封闭保守并存。总之，弘扬客家精神不是往客家人脸上贴金，更不是寻找与其他民系争强斗胜的自傲资本。发扬客家精神，是深刻了解汉族文明，发扬中华民族精神，增强民族自信心，团结全世界侨胞的需要。当代客家人也应以客家精神鞭策激励自己，同时也要超越传统，走向世界。

2. 客家商人的人文性格

中原文化向赣南、闽西的传播，主要是通过中原人民南迁而实现的。中原人民迁入赣南、闽西，不是单纯地传播中原文化，同时把他们在迁徙途中克服磨难所锻炼出来的吃苦耐劳、百折不挠的精神也加进了原有文化中，从而形成砥厉廉隅、抗志励节、朴实无华而又悍劲伉健、坚韧不拔、勇于反抗、敢于奋斗的新文化，即一种新的社会文化心理。而长期生活在闭塞的山区，物质生活艰苦穷困，形成了客家人艰苦朴素的性格。交通的闭塞、劳作的艰辛和同其他民系或不同种族的人做种种竞争，则造就了客家人坚毅、果断、尚武之习。《汀州府志风俗志》记载："汀邻江广，壤僻而多山，地灵之所融结，地气之所熏蒸，人多刚果朴直庞，力田治山之民，常安本分，虽习尚间涉虚华，而人心终还朴素。"归化县"民质直无华，男力胼作，女勤织纺，舟楫不通，无大商巨贾，率多市贩以治生业，故咸习艰难重犯法，官司易治也"。永定县"朴陋少文，勤力作，妇女亦同劳苦"，"贫者栽山种畬而鲜行乞于市"。受闽西地区自然环境的影响，使得居住在这一带的客家人，形成了吃苦耐劳、百折不挠以及朴实无华而又悍劲康健、敢于奋争的性格，因而具备很强的适应性。一方面，自然环境的恶劣，固然迫使他们在深山密林之中筚路蓝缕，开辟荒野，祖祖辈辈从事传统农业。另一方面，相对恶劣的农业生产环境，固然严重限制了闽西社会经济的发展，但也迫使一部分客家人去寻求农业之外的生业。特别是明中叶以来在商品经济萌芽的冲击下，闽西地区也出现了一些工商业经济的趋向。虽然其程度远远不能与同时期沿海地区的工商业经济相比，但毕竟比同处山区的闽北人的工商业经济意识更多。从明代以来的地方志中，可以看到这一从工经商的信息。如《闽书》记载上杭县"衣冠之物，颇类大邦，百货具有，竹笼可以贾"，永定县"僻壤也厖民田作之外辄工贾"。

"人文性格"是指一个族群或一个民系特殊文化方式中社会心理和精神气质方面的内容，一个民系或一个族群的人文性格，与别的民系区分的文化特点。客家人是怎样的人群呢？为何福建土楼客家人能辗转向世界各地迁播，在客家祖地和迁入之地台湾等地，创造丰富的物质文明和精神文化，给世界一个很响亮的信息和坚定形象：他们爱乡爱国，重宗敬祖，他们开拓进取，勤劳勇敢，他们崇文重教、好客热情。那么，究竟如何定位客家人的人文性格呢？由以下特质来概括：

（1）移垦特质。客家民系在迁徙中形成，又在迁徙中繁衍。正是不停地迁徙，造成不同地域文化的碰撞与融合。客家人来自中原，这是不争的事实。一般认为，客家先民经历了四次大迁徙，但客家学奠基人罗香林先生认为，历史上客家人曾经历五次大规模的迁徙运动，并在迁徙的过程中形成了客家民系。第一次：受永嘉之乱影响，自东晋始，大批中原人举族南迁至长江流域。第二次：唐末的黄巢之乱，迫使客家先民继续南下，到达闽、粤、赣接合部，成为客家的第一批先民。第三次：金人南下，入主中原，宋高宗南渡，更多的移民集聚于此，与当地的土著畲族先民交流融合，最终形成客家民系。第四次：明末清初，客家内部人口激增，因资源有限，大批闽、粤客家人从客家大本营向外迁移，最远内迁至川、桂等地区，历史上的"湖广填四川"

即发生在此时期。第五次：受广东西路械斗事件及太平天国运动影响，部分客家人分迁至广东南部和海南岛等地。客家先民一方面适应各种生存环境，调整、创新文化，另一方面与原当地居民的文化产生交流、融合，吸收了其精华。客家文化符号中既保留了丰富的中原文化符号，又吸收了南方少数民族的符号。具有移民特质的客家民系，在客家人迁居地闽西、赣南、粤东地区或者迁入地，大多是以耕植生产为主，创造了和山区农耕生产相适应的文化，表现在生产用具、生活用具、服饰和饮食习惯等客家日常使用的事物上。

（2）农耕文明。客家民系作为汉民族的一支，总体来说是一个农耕的民族。客家先民转辗南迁，虽然离开了先人的祖居地——中原，但他们并没有丢弃先人所依赖的生存的基本手段——以农耕为基础的生产生活方式。农业是客家人自古以来最主要的生产部门，"八山一水一分田"是他们最真实的生存环境的写照。客家先民来到大本营（一般指闽西、粤东、赣南）时面对的还是蛮荒之地。唐初以前闽粤赣边区当地居民原有苗、瑶、峒、僚、蛮等族，到南宋末年有了畲民的记载，客家先民到来之时他们还处在原始社会末期，无定居，过着狩猎和刀耕火种的农耕生活。闽粤赣边区三角地带高峻延绵的山脉和低矮起伏的丘陵地带交结，形成了大小不等的盆地，虽气候温和，雨量充沛，土壤深厚，适宜林木生长，有丰富的森林资源和矿藏，但也不利于开垦种植。"八山一水一分田"充分表明了客家先民创业的艰辛。客家地区的种植业是以农业粮食种植业为主，粮油作物最多，经济作物为次。山多田少，客家人勤劳拓荒，有层层梯田为证，"梯田"在客家农村最为显眼，更有趣的是还有"望天田""蓑衣丘"等山边田。客家人在这种情况下，只能充分提高土地利用率，使用"间种""套种"方法兼种水稻之外的豆类、薯类等。闽西、粤东地区粮食一向不能自给，要靠颇有盈余的赣南补充。经济作物以种蓝业、种茶业、种烟业为主。种蓝业的技术习俗来自土著的瑶族和畲族，为客家人接受与发展，但鸦片战争后，大量洋靛输入致使种蓝业消失，至今也几乎不再有。客家地区均产茶，赣南的青茶、闽西的绿茶、乌龙茶、粤东的单丛茶、大埔的云雾茶等曾运销东南亚。种烟业始于明万历年间，条丝烟在闽西客家久负盛名，成为闽西客家经济支柱，至今依旧。

客家地区的"八山"，有丰富的森林资源，客家人注重发挥这优势发展林业，如有"闽西诸郡人，皆食山自足"之说。林木种类繁多，以松、杉、竹为主，面积最大，产量最多，用途最广，是客家地区经济收入的重要来源之一，也为手工业发展提供充足原料。养殖业也是客家农村地区的家庭经济的补充，除猪、牛、羊、兔、鸡、鸭等家畜家禽外，客家人还利用山塘水库养殖水产，但养殖业成规模发展的不多。

客家人倚仗山间盆地、河谷平地及高耸入云的梯田，年复一年日复一日地"日出而作，日入而息，凿井而饮，耕田而食"，过着稳定平和的农耕生活。一方面他们崇尚耕织并重、耕读传家的田园诗式的生活；另一方面他们又形成了务实精神，刻苦耐劳，勤劳创业，实用入世，存在封闭、单一、重复、机械的特点，客家地区数百年来生活几乎一成不变或改变不大，人们长期依旧"日出而作，日落而息"地重复同一种生产生活方式。

农耕文明形成了相对稳定的人地关系，从土地引出的血缘、亲缘人际关系愈发紧密，客家人在经营中注重人和，生活生产以整体利益、家族利益为首。自古以来，农耕社会人们的生活都是围绕垦荒和种植所传承的农田事务，主要靠代代口耳相传，客家人也不例外。他们重视全体家族成员对先人生产和生活经验的总结和延续，从而形成了强烈的群体意识与祖先崇拜意识。

（3）圆融信念。客家人迁徙而来，聚集而居，他们不忘故土，感念祖先，和睦邻里，人情浓郁，热情好客，民风淳朴，从客家人的建筑特色到宗亲观念、包容的信仰观、顺生的生态观都可以用一个文化符号特质去表达，即"圆"。圆具有均匀、对称、圆顺，不偏不倚、公正、公平、客观的特质。中国文化崇尚圆的文化，圆意味着满足，意味着完美。"圆融"是"中国化"佛学思想的重要内容。"圆融"一词，《辞源》解释是："圆融，佛教语，破除偏执，圆满融通"。总之，圆满融通、整体无亏、无滞碍、不偏执、消融一切矛盾、和谐和解即为"圆融"。《易经》言："圆是天，是宇宙的表象。"此处用圆融精神来概括客家文化精神比较恰当，"客家先民崇尚圆，把圆当作天体之神来崇拜，'圆楼宝寨台星护，轩豁鸿门福祉临'，这副土楼大门的对联，充分体现了福建土楼人家崇圆的文化习俗，因此不少福建土楼，两三个，甚至四个圆同心，寓'同心同德共患难'之意，圆墙内房屋还按八卦布局排列，整齐划一，充分显示它的向心力和统一性"①。从精神层面上，圆是客家人重要的符号，从福建土楼客家建筑风格是"圆"可见一斑；客家人聚集而居，族群融和；客家人在信仰方面包容性高，感恩人格神为多；客家人顺天意、重人和生态平衡也一个圆字。澳大利亚的维多利亚省客属崇正会馆里有一副对联："崇礼睦邻，融和主客；正心处事，利益身家。"这副对联，出自原客属崇正会长、著名诗人、书法家廖蕴山先生之手。这是他从海外客家人切身经验中概括出来的箴言。"崇礼睦邻，融和主客"，这八个字有着非常丰富的内涵，"崇礼"就是要继承传统文化，发扬传统文化，要遵纪守法。廖先生说："入境问俗，安分守己，奉公守法都是礼的表现。""礼"也包含着现代社会的各种规范，是"人类一种缘情依性行为之启端"。"融和主客"更是道出了作为"移民"的客家人最为重要的特征。客家人在海外是外来的移民，而非生在此长在此，要在新地方落地生根，就必须主动融入这块土地，和原有居民和睦相处，团结协作，互相尊重，互相理解，形成融洽的关系，逐步融成一体，才能成为不分彼此的"自家人"。有了这种"融和"意识、"融和"精神，才能被海外社会接纳。"融和"是由"客"到"非客"的过程，是由"客"变"主"的过程。"融和"是海外客家移民的必经之路。事实证明，流血的械斗不能解决矛盾，只有"和睦相处""和谐协作"才能共存，才能发展。后来，吡叻州的客家人在胡子春、梁燊南、姚德胜等侨领的影响下，对内加强团结，和谐协作，对外与人和睦共处，共同发展，从而使事业蒸蒸日上。海外客家人依靠"融和"的精神，在异国他乡终于落地生根，开花结果。如果我们认真考察海外客家那些杰出人士的成长道路，不难发现，这些人都富有"融和"的精神，即主动融入主流社会，与之和睦相处，和谐协作，从而不断发展。"融和"乃制胜之道，它已经成为当今海外客家人宝贵的精神财富。

（4）中原情结。"客家"，作为汉民族的一个分支民系，在保持中原古文化原态风貌的基础上吸收了原有居民的文化精华，成为具有新特质文化的独

---

① 胡大新主编《中国永定土楼文化丛书·土楼探秘》，1995，第100页。

特民系。客家祖先，辗转迁徙，千里迢迢来到闽粤赣地区，再到世界各地，筚路蓝缕，开基创业。中原文化是汉民族的源头文化，汉民族文化的各个方面，都能在中原传统中找到根源或密切相关的内容。客家文化演变、递嬗了的中原文化，客家人是保留中原文化最鲜明的民系之一，客家先人们眷恋故土，并教诫子孙，"宁卖祖宗田，不卖祖宗言"，要"敦宗睦族""追远慎终"，把中原文化作为联结族群凝聚力的纽带。客家文化是中原文化的分支和延续，包含着中原根文化的痕迹。由于它地处山乡，受外来冲击影响较小，较多地保存了中原文化的原生形态，所以，从文化渊源上看，它和中原文化有着千丝万缕的联系。中原文化是客家文化的主体文化，是文化之源，文化之本，客家文化是研究中原古文化的资料来源和活化石。

（5）动态个性。客家人的移民特性决定了这个民系是不甘沉寂和勇于探索的。历史学家亨廷顿（旧译"亨丁顿"）认为，"民族特性"是自然淘汰的结果，迁徙也是一种优胜劣汰的筛选过程。他对客家特性养成的原因进行过理论分析，指出："当他们迁徙时，自然淘汰的势力一定会活动，逐渐把懦弱的、重保守的分子收拾了去，或是留在后面，所以凡是能够到达新地方的分子，那是比较有毅力、有才干的。"① 客家人因此容易成为敢于探险、乐于开拓的先锋。客家人的五次迁徙，从中原到闽粤赣，到广西四川，到台湾港澳乃至海外，客家人几乎没停止过迁徙的历程，不然也形成不了客家人遍布世界各地且都与当地文化既融合互动又不失自身特质的局面。北京大学郭华榕教授认为，客家文明是动态存在，故而难时动则活。他指出，客家先民的迁徙史，不仅是一部苦难史，也是一部开拓史、发展史。他们既有迫于战乱的痛苦南迁，也主动适应新的环境，丰富发展自身的文化。客家人乐意迁徙，换句话说，他们不是迁徙至一处后，就安居乐业，落地生根。他们的迁徙都是尝试性的，当环境不宜，他们就再迁往有生机、有趣、有"刺激"的地方。随时准备再流动，也是客家人的特点之一。客家文明是一种动态的存在，要多时段、多角度地做比较研究。华东师范大学王东博士在他的《客家学导论》

---

① 亨丁顿：《自然淘汰和中华民族性》，潘光旦译，新月书店（上海），1929，第120页。

中也提出，客家民系的形成是一个动态的历史过程，"这一过程的实现，是以不同形态的客家先民迁入大本营地区为前提的。故而，这一过程的开端，应该以北方人民大规模的南迁运动基本中止为标志，而其完成则当以由大本营迁出之居民能够在总体上保留其语言文化特色为标志"①。

3. 客商精神在"一带一路"战略上的传承与创新

客商一直是海上丝绸之路建设中的重要参与者和建设者，客商经济构成了华商经济网络的重要组成部分，对海上丝绸之路上的国家、地区的经济、社会、文化建设做出了重要的贡献。客家文化，孕育了客商精神。

大陆之外的客家人已近千万，80%分布于海上丝绸之路上的国家和地区，其中印度尼西亚300万人，马来西亚100万人，我国港澳60万人、台湾400万人。福建闽西南是客家人的聚集区之一，是客家祖地。历史上，一批批客家人下南洋创业发展，客家文化也随之播衍世界各地，特别是海上丝绸之路上的东南亚，成为海外客家人最集中的聚居地区。据不完全统计，全球有规模化资产的客属企业约30万家，大致是海内外各一半的比例。福建涌现了以著名侨领胡文虎为代表的客商群体。面对中国21世纪海上丝绸之路经济的新战略，客商经济有了新的机遇和挑战。两岸客商经济和海上丝绸之路经济有什么样的历史联系，具有什么样的合作优势，将以怎样的助推模式继续发挥作用，值得深入探讨和研究。

古代丝绸之路在各国文明交流互鉴史上功不可没。客家人、客商都是丝绸之路的积极参与者和受益者。客家人在迁徙路上，筚路蓝缕，开拓进取，而在新丝绸之路经济带的愿景已经确定，承载着的和平合作、开放包容、互学互鉴、互利共赢的丝路精神和开拓进取、协作共赢、诚实守信的客商精神薪火相传。客家人、世界客商必须与时俱进，在"一带一路"建设中不断弘扬客家文化，重塑客商文明传统。

4. 客家人文精神在"一带一路"战略上的传播策略

客家文化，孕育了客商精神。客商们，用自己的历练诠释了客家人文精

---

① 王东：《客家学导论》，上海人民出版社（上海），1996，第144页。

神和客商灵魂。客家人从商有耐心、信心和爱心。客家人素来崇文重教，知书识礼，以前出去的先辈都是有一些文化的。在整个商业发展过程中，客家是一个比较艰苦的族群，但是随着世界的发展，客家人吃苦耐劳、崇文重教，在商业上取得了很大的成功，这也提升了客家这一族群的竞争力，他们志存高远，不畏艰险，开拓进取。客商走的是一条民商之路，他们诚实守信，一诺千金。

（1）发挥客商优势也是发挥客家人文优势

"一带一路"沿线国家是华人、华侨包括客家的重要聚集区，也是世界客商实力最强的区域，尤其是东南亚地区。据估计，全球华商企业资产约4万亿美元，东南亚华商企业资产为1.1万亿至1.2万亿美元。世界华商500强中约1/3在东南亚。华商企业在不少国家成为当地经济的重要支柱。东南亚证券交易市场的上市企业中，华人公司约占70%。无疑，"一带一路"建设与华商经济综合在一起，将为海外华人、华侨，提供广阔天地。客家人身居海外者已逾千万，但客商的优势不在于人数众多、财力雄厚，而是表现在他们有智慧、有经验、有技能，他们熟悉丝绸之路国家的国情、民情、商情，等等，这是不可忽视的潜在力量，加强协调、合作，凝心聚力，择取恰当的方式方法，就能够焕发出巨大能量，取得巨大成果。

（2）全面参与，重点突破，创建更多客家文化产业合作平台

"一带一路"合作项目内容涵盖的范围颇广，如能源资源、基础设施建设、制造业、科技创新、信息技术、农业，还有教育、文化、体育、旅游、新闻、出版、电视、电影，等等。这些项目有的在政府部门之间进行，有的在民营企业之间合作完成。发挥民间力量，必定成为推进"一带一路"倡议的重要力量。有的只能是"走出去"，有的则是在国内进行。世界客商应从"一带一路"建设的实际出发，凭借经济、技术、人才实力，参与国内国际项目。同时，可以考虑较多地参与"一带一路"沿线国家的民生工程建设。这是因为沿线国家中相当多的是发展中国家，解决民生问题尤为迫切。例如，粮食种植、教育普及、水源、医疗、交通等。另外，农业、卫生、文化产业、旅游合作等领域的项目开发大有文章可做。在这些项目中，客家人文旅游、

客家文化产业、客家艺术创作、客家名品展等都会是有吸引力的项目与内容。

（3）加强客家文化宣传与合作交流，传承客家人文精神

"一带一路"是经济交流之路，外交互信之路，又是一条文化交流之路。要建成"一带一路"，必须在沿线国家民众中形成一个相互欣赏、相互理解、相互尊重的人文格局。文化交流首先是中华传统文化与"一带一路"沿线各国文化的交流，客家文化早就与东南亚国家之间进行频繁交流。客家文化是客家的软实力，也是客家的独特优势，它的存在形式既有理论形态，存在于各种文献资料中；又有风俗习惯、衣食住行、生活方式、礼仪礼节等，存在于客家人的日常生活之中。但客商或客家侨民的后代，比较少有机会回归乡里，对祖地文化也有了陌生感，可以就如何开展客家文化与"一带一路"沿线国家客家区域的文化交流提出若干构想，深入客家社区和客家民众，利用族谱展、客家风情展、客家寻根游等方式，加强客家祖地文化的宣传，提高他们对客家人文精神的认同感。

（4）加强客家文化经济研究和活跃客家人文精神传播手段

加强客家文化经济研究，可以成立"海外客家文化经济研究院"，系统研究、整理海上丝绸之路的客家经济文化，举办各种客家经济文化论坛。活跃客家人文精神传播手段，可以编辑出版世界客家与"一带一路"或其他图书资料。加强"客商精神"的传播，拍摄客家人与"一带一路"影视纪录片；可与国内外客家社团积极合作，开展"世界客商后代寻根行"活动，提高他们对前辈客商创业精神的认识。建构客商文化交流与经济合作载体，可组建"客家文化艺术团"，到"一带一路"沿线国家交流互访演出；开展"一带一路"世界客商传统文物保护活动；筹建"世界客商丝路行"互联网等。

总之，客家人是海上丝绸之路的主要侨民和居住者，客家商人是海上丝绸之路经济的重要参与者和推动者。客家人文化精神的传播有助于加强中华文化包括客家文化对世界文明的作用和意义的认识，呼应国家"一带一路"的倡议；有利于深入挖掘客家祖地与海上丝绸之路的渊源，及传承客家传统文化对"一带一路"发展战略的意义；也有助于客家区域把握海上丝绸之路经济机遇，促进与相关国家地区的经济、文化、教育等交流合作；有助于两

岸及海外客家民众的沟通交流合作，增强文化认同；有助于提升和再塑世界
客商文明，发展客商经济，提高海上丝绸之路客商产业水平和合作效益。

第二节　两岸客家文化产业的创新与合作

1. 两岸共同文化资源优势

文化产业，这一术语产生于 20 世纪初。最初出现在霍克海默和阿多诺合
著的《启蒙辩证法》一书之中。它的英语名称为 culture industry，可以译为
"文化工业"，也可以译为"文化产业"。根据联合国教科文组织的定义，文化
产业是指按照工业标准，生产、再生产、储存以及分配文化产品和服务的一
系列生产活动。换言之，文化产业是从事文化产品的生产、流通和提供文化
服务的经营性活动的行业总称。其特征是以产业作为手段来发展文化事业，
以文化为资源来进行生产，向社会提供文化产品和服务，目的是为了满足人
民群众日益增长的精神文化生活需要。

客家文化产业是区域特色文化产业的一种具体形式。概言之，客家文化
产业是以海峡两岸客家地区为核心区域，依托丰富的客家文化遗产，发展以
客家民俗文化旅游、客家名品汇展、客家论坛等为主题的客家文化经济交流
节、客家生活用品及民俗艺术品创意设计和开发经营等产业，且与其他文化
连接互动，使客家文化符号向农业、果业、加工业、制造业、服务业移植，
延伸产业链并打造具有鲜明个性特征的产品品牌。

文化产业已成为世界经济发展的重要支柱产业，是客家区域发展经济的
重要产业模式。文化产业不仅丰富人们生活的需要，而且成为一个国家加强
政治经济实力、解决就业等社会矛盾的重要途径，已经是世界发达国家的主
导产业。文化产业的竞争就是文化资源特色的竞争，两岸客家地区的独特文
化资源都是客家文化。从海峡两岸的角度看，客家文化产业包括客家文化旅
游产业是中华民族特色文化产业的一个重要组成部分。客家人分布在世界各
地，本是很具世界性的移民性质的民系，他们也把客家文化带向了世界各地，
发展客家文化产业和客家乡村文化旅游有很好的人际资本，也独具经济、文

化价值，必然会是客家文化对世界经济做出贡献的最好途径之一。

文化相近相容是两岸合作的最有效的条件和可开发的资源。两岸客家区域经济模式相似、语言相通、文化心态相近、客家文化资源相连，是两岸合作的最有利的条件，对节约交易成本、沟通交流、合作发展都将起到促进作用。客家文化是客家地方经济发展的一条纽带。客家人在长期的迁徙过程中，形成了相互援引、相互支持的民系文化认同感。客家人在每一个地方都很希望客家民众能形成经济和文化上的联盟，以便在充满竞争的社会生活中站住脚。由于有一半的客家人居住在目前经济最活跃的环太平洋经济圈，还有就是港台两地的客家乡亲，这些客家人与居住在赣南、闽西、粤北这些经济发展相对滞后地区的客家人，在经济上形成了较大的反差。客家人是十分注重宗族亲缘的，因此海外客家人在回乡寻根祭祖时，有意反哺祖地，支持客家故地的经济发展，非常乐意把祖地的物产介绍到海外，因而形成了一种文化搭台、经济互补的关系。

客家文化具有重要的经济开发价值，成为客家基层民众合作交流的动力。客家文化是客家区域共同的旅游资源。旅游项目的确立，大都是以山水风光为基础，以地域特色文化为内涵的，因此，发展旅游经济，就必须加强对客家文化的研究和宣传。由于客家人具有强烈的宗族观念，这就决定了客家区域的旅游客源，有很大比例都是寻根祭祖而来的客家人。虽然许多海外客家人离开客家区域已经几代了，但也正因为如此，他们才对大陆客家人的生活方式抱有浓厚的兴趣。几乎每一个姓氏都有宗亲联谊会，每年都要组织宗亲回祖地祭祖，这里就孕育着一个很大的旅游市场。客家文化极为丰富，异彩纷呈，这些资源不仅具有深厚的群众基础，同时又具有独特的民族性和地方性，因此具有极为重要的旅游价值。

客家乡村文化旅游可以派生出客家系列产品，蕴含丰富的商机。客家文化可以派生出许多具有浓郁客家特色的旅游产品。比如客家擂茶、客家鱼丝、客家米酒、客家红薯干等，风行已久，现在缺乏的是文化包装和商业化生产。当然，要使客家文化派生出更多客家商品，还需要做大量的研究和宣传工作。经济是文化的基础，文化对经济发展又有很大的推动作用。作为客家地区的经济部门，在经济活动中，也必须注重客家文化创意的研究与开发，尽可能地把握住客家文化所能带来的商业契机。

两岸经济文化交流的大背景，为海峡两岸产业合作和基层民众交流创造了有利条件。民间交流合作的加强，两地客家乡亲的亲情、学术、文化、经贸的交流合作的频繁，都给两地客家文化产业的合作开发及基层民众的交流创造了充分的条件。两岸签署的《闽台签署推进闽台乡村旅游发展合作宣言》指出：乡村旅游是闽台旅游业最具发展潜力的新型业态，闽台各方应把携手发展乡村旅游作为两地旅游业合作经营与发展的重要内容，紧紧围绕打造"海峡旅游"乡村旅游精品的共同目标，在信息、理念、客源、市场、人才培养等领域密切合作，做到成果共享、互利双赢，使"海峡旅游"的内容更加多元，"海峡旅游"的特色更加鲜明。龙岩市立足客家祖地，以文化认同为切入点，以文化项目为抓手，建构海峡客家交流平台。各地乡镇也和台湾相关乡镇有了许多对接和合作的尝试与探索，基层客家民众也认同并积极参与。

2. 两岸客家文化资源特性

客家文化产业以独特的客家文化为基础，客家文化资源成为具有开发潜力的文化资源。概括而言，客家文化资源有以下特性：

（1）区域性。客家人在客家地区，拓荒耕耘，繁衍生息，继承与发扬中原汉人的文化，在积淀传承中不仅创造了丰富的物质文化，创造了新的农耕文明，建设着日益富裕的客家人迁居地，也形成了自己独特的精神文化。他们慎终怀远、崇敬祖先、功利务实、敬畏多神；他们在与环境斗争抗衡中形成了独特的伦理精神，注重群体、吃苦耐劳、务实勤奋、不屈不挠……客家地区经济模式相似、语言相通、文化心态相近、客家文化资源相连，这一强势的文化相容，对节约交易成本、沟通交流、合作发展都将起到促进作用。

（2）独特性。客家文化内涵丰富，是中华民族特色文化产业的一个重要组成部分。它是以汉民族传统文化为主体，融合了畲、瑶等少数民族文化而形成的一种多元文化，具有质朴无华的风格、务实避虚的精神和返本追源的气质，历史久远，源远流长。客家人是来自中原古汉族的一个民系，有很深厚的历史文化沉淀。客家话就有"古汉语化石"之称。客家人虽然经历了不同的历史发展过程，并不断适应环境的差异，但长期保持着自己独特的习俗，形成了丰富多彩的客家文化。其内容包括历史文物遗迹、姓氏宗族文化、方言文化、民居文化、饮食文化、服饰文化、民俗文化和民间文艺等方方面面，特别是客家丰富的饮食文化、独特的民居文化、丰富的节庆民俗，极具特色，个性鲜明。客家文化品牌已成为客家地区的优质文化产业品牌之一。

（3）多样性。客家人是汉族的一支特殊民系，祖居中原地区，经多次南迁，最后集中定居在闽、粤、赣三省交界地区。明清时期，以广东闽西为基地，"一枝散五叶"，又扩散至四川、广西、海南、台湾、香港和国外的东南亚各地，形成了独特的客家文化。目前客家人口多达 8000 万，并且有一半分布在海外，因此客家文化这个大体系形成的经济潜力是无法估量的。客家区域分布广阔，虽然不同区域有许多相通的本质特征，但却各具特色。物质与非物质文化在与具体地理位置相结合时，形成了许多相异的居住文化、饮食文化，独特的人文景观、民间工艺、民间传说等。

（4）全球性。随着全球化进程的迈进，文化的差异成为各地区、国家、民族定位的标识。正如约翰·汤姆林森提出的"全球化处于现代文化的中心地位，文化实践处于全球化的中心地位"[①]。客家文化的特色正是客家地区融于全球经济的软竞争力。同时工业化时代向后工业化的消费时代迈进，生活水平的提高，使消费者开始讲究个人化的生活风格，消费需求更注重个性化、特质化，也要求产品要富有文化要素、文化品位，越是需要，文化产品的差异化才越有竞争力。把客家文化引入相关行业中，重新建构客家文化产品，使其更具全球化的特色，满足世界消费群体的需要。有文化的是有特色的，有特色的才是有生命力的。

（5）符号性。"全部人类的行为起源于符号的使用。仅仅是由于符号的使用，人类的全部文化才得以产生并流传不绝。"[②]符号能够把人的一般的、普遍的文化精神直观化，使文化成为可把握的东西，客家文化是一特有的民系

---

① 王建周主编《客家文化与产业发展研究》，广西师范大学出版社（桂林），2007，第7页。

② ［美］怀特：《文化科学》，曹锦清等译，浙江人民出版社（杭州），1988，第21页。

文化符号，可体现在历史遗迹、居住环境、饮食文化、服饰文化、民俗事象等之中，可以是静态的、动态的、物化的、口头传承的。如何把符号的意义显现出来，挖掘潜力，使客家文化产业成为文化符号的承载体，是发展客家文化产业的关键所在。

（6）大审美性。所谓"大审美"特性，是指超越以产品的实用功能和一般服务为重心的传统经济，代之以实用与审美、产品与体验相结合的经济特性。现在人们的消费，已不完全是购买物质生活必需品，而是越来越多地购买文化艺术，购买精神享受、审美体验，甚至花钱购买一种气氛，购买一句话、一个符号（名牌就是符号）。2002 年诺贝尔经济学奖得主卡尼曼区分出符号消费的两种效用：一种是主流经济学定义的效用，另一种是反映快乐和幸福的效用。卡尼曼把后一种效用称为体验效用，并把它作为新经济学的价值基础，指出最美好的生活应该是使人产生完整的愉快体验的生活。这是经济学 200 多年来最大的一次价值转向。很明显，这样一个体验经济的时代，这样一个大审美经济的时代，必然要求文化产业的大发展。这样来认识文化产业，才能把握它的时代特点，从而具有一种理论的高度。客家文化产业是适应这种要求，是为满足消费者审美性需要而发展的新型产业，是体验型经济。

3. 海峡两岸客家文化产业合作

闽西龙岩是客家民系和客家文化的重要发祥地，具有独特的客家祖地特色，在海内外具有重要影响。以文化为中介桥梁，打好"客家牌"，做好做足客家这篇大文章，对于推进区域发展，拉动经济增长，提高人民生活水平，增进海峡两岸客属民众之间的文化认同，有着重要意义。应当充分发挥区域特色文化优势，变资源优势为品牌优势，变文化大市为文化强市，全面提升"文化龙岩"的形象、知名度和竞争力，促进客家文化产业的大发展大繁荣。台湾文化创意产业发展势头强劲，创设了许多客家文创品牌和客家文化特色区，借鉴台湾客家文创经验有利于推动龙岩客家文化产业的发展。

（1）保持文化资源原汁原味和本土性是发展客家文化产业的重点

文化产业以文化资源为前提，文化资源的特点和形态决定了文化产业的模式和发展趋势。对地方文化产业的发展模式的研究应该倚重于对文化资源形态的分析，寻找文化资源转化为文化资本的中介和运作方式，突显区域文化产业的差异性，从而提高同类产业的创新力，在文化产业市场中增强对消费者的吸引力和持续力。客家文化产业发展也不例外。文化资源不仅有经济功能，还有文化传承、民众教化、形象塑造等功能，原汁原味本土性的文化产品才会有独特的思想价值、道德价值、审美价值。台湾对资源很珍惜，不轻易拆除老旧建筑物，而且努力保护并将其转变为人们的怀旧地和旅游地，这非常值得我们学习。客家文化资源丰富多样，但有待于整体上调研、整理、保护、宣传。原生态文化资源（特别是待抢救的文化资源）的保护需求更加迫切，应该坚持"在保护中利用"的原则。文化消费的竞争力在于差异性，差异性来自文化资源的原味性和本土性。修缮文物时，应该修旧如旧，不能修旧如新，同时还需避免过度开发和商业化，降低文化的原味性和特色性。需加强当地居民的文化资源保护意识，让当地客家人能真正成为客家精神文化的传承人和宣传者。

（2）挖掘具有代表性的客家文化符号资源

台湾文创把文化符号运用得很到位，创意佳，具有高附加值，把文化因素、服务环境、丰富多彩的旅游商品创新密切结合在一起。文化产业具有鲜明个性。不同的区域有不同的发展侧重点和特色品牌，如有桐花祭、美浓客家庄、六堆文化等文化产业品牌。台湾客家的文化符号捕捉就很到位，比如桐花文化。白色的桐花，曾经是客家庄的守护神，如今像是捎来幸福的春之女神，更成了营销特别成功的文化节庆，并成为重要的特色品牌。

那么，哪些能成为闽西客家文化符号的代表？福建土楼客家、定光佛、汉剧、汀江母亲河、汀州古城、闽西八大干、胡文虎等，是否可以成为闽西客家文化符号？针对各客家县客家文化特色，各县都在打造龙岩客家文化旅游品牌："根"文化（上杭）、"楼"文化（永定）、"佛"文化（武平）、"城"文化（长汀）、"民俗"文化（连城）。建议通过调研、收集整理、评选评估、传媒宣传、文学创作、影视创作、广告设计、创意比赛等方法进行客家文化符号的挖掘和宣传，编写《闽西客家文化符号大典》，为客家文化创意产业提供更有参考价值的文化符号，提高附加值。收集整理建构海峡两岸的客家文化资料库，为客家文化产业准备好文化资源。在客家文化产业合作中，对客家文化资源需要进行普查、收集、整理工作，可根据物质文化和非物质文化分类进行整理，编制客家文化资源百科全书或大典，亦可建设客家文化资源符号库、客家文化符号网。这是一个庞大的文化工程，需要两岸多地通力合作，需要相关部门和大量的人力参与，但它是一项很有意义和重大的工程。它一方面有利于系统掌握和了解客家文化资源的总体情况，有利于客家后人对客家文化的了解和认同；另一方面是客家文化产业的资源库，充分利用客家文化符号进行创意，在文化产业中展现客家文化的精彩和特色，需要以它为基础；同时也有利于政府对文化资源的掌握和保护，规范开发与利用。

（3）拓展客家文化乡村旅游合作平台

在海峡两岸客家文化产业合作中需要建立一个合作平台，通过这个平台鼓励和支持台资客家文化产业在大陆客家区域落户，推进两岸合作。许多地区已对此进行试点。以建立"客家文化产业创新区"或"台湾客家文化产业实验区"等方式，选择区域和产业引入。当中一定要注意文化资源特色，同时注重引进客家文化鲜明的产业、文化创意技术含量较高的产业，起到产业示范和人才培训的作用。

（4）联合开发客家文化产业产品

联合开发客家文化产业产品是极有经济效益的项目，也是增加客家民众参与客家乡村旅游产业收益的重要途径。

合作创新开发客家传统工艺品。可引进台湾客家乡村旅游产品开发项目，带动客家地区旅游产品的提升。旅游产品的档次和品质，客家旅游景点的纪念品（如客家特色食品如"闽西八大干"等）的宣传、包装、口味、质量等都有待于创新。开发客家品牌的特色产品，更好地把客家文化元素融入产品的品牌创意中。

合力推动客家民俗文化活动。客家民俗文化活动是最能吸引台湾基层民众参与的。如近年武平"定光古佛"的民间信仰文化活动就吸引了大量的台湾信众，加大了基层民众的亲缘意识和民系文化认同。同时，旅游者热衷在文化旅游中亲身体验特色文化的乐趣，比如参与各种民俗节日庆祝活动。客家地区的民俗活动很多，如岁时习俗、嫁娶特色仪式，还有特色戏种如采茶戏、山歌戏、汉剧、木偶戏等，可在民俗活动和各类客家戏曲等创新品牌中去加强海峡两岸的互访与合作。

创新客家文化产业营销传播方式。两岸可以合作发行客家文化产业书刊、合办客家广播电视旅游文化栏目及客家文化网站。两岸客家文化典籍的整理交流，客家文化艺术书刊的创作发行，客家文化博物馆、客家文化数字博物馆设计建设等都有许多合作空间。

（5）推进两岸客家文化产业各层次的合作交流

客家文化经济的开发与创新是新事业，加强两地交流，可以是实业界的，就相关文化旅游产业的项目开发进行商务交流；可以是文化和理论界的，就文化资源的保护整理开发以及推进两地合作的繁荣客家文化项目进行理论探讨与论证；可以是基层民众的，乡村旅游直接的产业主体和游客是客家基层民众，因此加强基层民众在产业发展中的经验交流和相互活动的参与，是合作的重要内容和根本所在。除传统的世界客属恳亲活动和各地的民俗活动外，联合举办海峡客家文化产业节、举办多种类型与特色的客家文化产业活动及旅游产业产品交流推介会、客家文化创意展销会、客家旅游艺术创意大赛等，最大限度地增加基层客家民众的参与交流。

（6）注重客家文化创意产业的产学研合作

从文化资源到文化创意产品，需要"创意—设计—产品—行销"的产业孵化过程。台湾很重视产、研、民密切结合，对个性文化创意文化产业的扶持力度大（政策、资金、人才方面，如创意立项、创意比赛、文化产业孵化基地、文化创意人才培养等）。文化创意产业成为地方政府的发展目标，也是文化机构与地方县乡共同探讨和推动的实践课题。激励高校客家研究机构和客家社团积极主动参与和投入客家文化创意之中。举办论坛、产品展览、创意设计大赛；设立文化创意资助或奖励基金，对创意项目或文案等进行激励；推动文化创意产业与高校的合作，在高校设立客家文创咨询机构，为文创企业产业孵化做好技术、创意咨询和人才培养工作。

（7）重视培养客家文化经济人才

两岸客家文化资源丰富多彩，要更好地传承、保护和运用这些宝贵的文化资源，但传承、保护、利用，归根结底还是人的问题，让文化传承人得到重视，培养客家文化人才是核心问题。文化特色存在于群体生活之中，技艺习俗存在于活态的生活之中，因此真正的传承保护者是生活于斯的客家民众，客家民众的传承保护意识尤为重要，乡土人才的培养是客家文化人才培养的根本所在。

①客家文化传承保护需要的人才类别

客家文化研究人才。客家文化研究人才是从事客家文化研究的人才，主要对客家文化的历史文化、民俗文化、经济社会状况进行研究，同时也对客家文化传承保护规律进行探索思考。主要集中于高校、研究机构，培养方式也来自专业培养。培养客家专门人才的硕士点较少，可以扩展为以培养人文社会科学方向的人才为主。

客家文化传承保护人才。客家文化传承保护人才属客家文化传承的地方性乡土人才，包括非遗文化传承者、地方文化保护人才等。他们主要集中于客家区域，也和地方传统文化有更紧密不可分割的联系，因此某个角度而言，其自身就是客家文化符号的代表者、守护者，是客家文化的中坚力量。这类人才面临的是传承者如何传承的问题，以及文化传承人及地方基层文化人才的待遇如何得到保障、特长怎么得到发挥的问题。

客家文化产业人才。包括文化传播、文化教育、文化艺术、文化创意及文化管理等人才。客家文化资源的产业转化需要这类人才的智慧、创新、投资、传播和管理，这类人才目前是最缺乏的。

②创新两岸客家文化经济人才培养合作机制

首先，发挥高校和科研机构人才优势，形成高校、产业、民间、政府合力支持的客家文化研究人才培养的合作机制。在人才利用和教育模式上应根据人才成长特点，采取多渠道、多模式，培养具备文化遗产传承、保护、发展、管理、研究能力的多类型、多层次人才。构建人才培育体系时注重各级主管部门和教育、研究机构的上下互动和横向联合，如中央美院"非遗"研究中心明确提出了"学、产、民、官"四位一体的非遗运作机制，将专业科研与人才培养、社会效益创造、文化遗产传承人的互动和推动政府加强文化遗产保护机制密切结合起来，通过与政府部门沟通，成立民间艺术研究机构，对地方民间艺术形式进行实地考察，在教学与实践的链条中培养学生研究能力与实际应用等，取得良好效果。

其次，高层次研究人才与地方性人才培养的互补机制。文化遗产保护和研究一般具有区域性。在以往非遗研究中通常存在两种现象：一是非遗研究中某些享有盛名的专家学者虽然在理论上有自己的独到见解，但对一些地区特别是相对落后的民族地区非遗资源的文化实践缺乏必要的积累；二是某些民间的基层文化遗产研究者虽然长期坚持田野考察，有着外地学者所不能替代的文化情感和资料储备，但他们在文化研究成果的理论分析及推广方面往往缺乏高度，甚至没有对本土文化遗产进行传播的能力。这就要求二者通过合作相互取长补短，进而提高自身的研究能力。从实践层面上看，这种学术型高层人才与地方性文化遗产人才的长期交流与合作，对文化研究人员学术成果的推介和学术品位的提高会产生积极影响。

第三，专业教育与普及教育的协调机制。从专业教育角度而言，客家文化研究人才个体上要强调复合型，整体上则要打通传统学科之间的分野，努力实现多学科交叉，力求做到文文相通，文理相通，文工相通的人才整合。这种整合带来的最直接的效益就是通过多地区、多学校、多学科的资源共享，最大限度地满足专业研究人员自身的知识需求，解决研究人员在实际研究中遇到的难题。目前客家区域的一些高校，包括两岸高校与科研机构建构的客家文化协同创新平台，在人才与课题合作方面有很多很好的培养合作机制，这种资源互补有利于培养人才，给双方带来双赢。同时，文化人才培养还需要大量的普及教育，如推进客家文化进学校（特别是中小学校）、进课堂、进社区，编写客家文化教育乡土书册等。从广播、电视、新媒体等多种渠道，进行客家文化的普及教育势在必行。

结　语

　　客家民系可以说是汉民族中生命力最为旺盛的一个民系，他们远离故土，迁徙跋涉来到闽粤赣这块未开垦的处女地，与环境抗争、主动进取、入乡随俗、由客变主，又与当地文化抗衡融合，使荒野山区变为富庶的家园，创造了丰富的物质文明。他们又不安于现状，或去大西南，或走东南亚，勤劳创业，不畏艰辛。海外客家人为当地经济做出的杰出贡献，在经济界人才辈出，也让人惊羡。从旧时移民海外创业的客家人，再看今天客家的打工族，迁徙生活之环境，移民文化的创业实践，让客家人积累起经验与技能，也在这实践中向世人昭示：客家人勤俭创业，开拓进取的精神是不变的。稳定的生活环境有利于建设，也有可能让惰性逐渐取代进取，保守不变，封闭自守。不论在哪里都可建功立业，重要的是要弘扬祖辈的开拓创新精神，他们向外扩展，迁移至港澳台甚至海外，艰苦创业，业绩辉煌，展现了客家人开拓创新的精神风貌。

　　永定区是台湾客家人的重要祖籍地之一。明末清初就有大批永定民众到台湾谋生创业。直接或间接迁移台湾的就有 49 个姓氏，移民后裔约有 55 万人，从两岸客家民众的文化、信仰、习俗、产业、物产，都能找到许多相似之处，根源深厚。两岸客家民众，祖祖辈辈都传承、坚守客家文化，用客家精神指引生活和生产，创造了丰富的物质财富和精神财富，在客家家园成就家业事业，为两岸的开拓繁荣发展做出了卓越贡献。

　　我们要把握两岸和平发展的历史机遇，以客家祖地文化和客家福建土楼文化为桥梁，建构更多更丰富的经济文化合作平台，挖掘和整合两岸客家文化资源，在经贸发展、产业合作、文化旅游、文化创意、人才培养等方面推动两岸合作与交流，造福两岸客家民众。

参考文献

〔宋〕胡太初修，赵与沐纂《临汀志》（刻本），http://www.360doc.com/content/17/0421/09/8527076_647301270.shtml。

〔明〕张介宾：《景岳全书》，载蔡立雄主编《闽西商史》，厦门大学出版社（厦门），2014。

〔清〕赵良生修撰，福建地方志编纂委员会整理《永定县志》（清康熙），厦门大学出版社（厦门），2015。

〔清〕伍玮、王见川修撰，福建地方志编纂委员会整理《永定县志》（清乾隆），厦门大学出版社（厦门），2015。

〔清〕曾曰瑛：《汀州府志》（清乾隆十七年修，同治六年刊本）。

〔清〕方履篯修，巫宜福撰，福建地方志编纂委员会整理《永定县志》（清道光），厦门大学出版社（厦门），2015。

〔清〕杨澜：《临汀汇考》（清光绪四年刻本）。

〔清〕王廷抡：《临汀考言》（刻本），http://www.bookinlife.net/book-61329.html。

丘复总纂，唐鉴荣校注，上杭县方志委员会编纂《上杭县志》（1938），线装书局（北京），2018。

徐元龙主修，福建地方志编纂委员会整理《永定县志》（民国），厦门大学出版社（厦门），2015。

蔡立雄主编《闽西商史》，厦门大学出版社（厦门），2014。

陈支平：《客家源流新论》，广西教育出版社（南宁），1997。

陈宗仁、黄子尧:《行到新故乡——新庄、泰山的客家人》,台北县政府客家事务局(台北),2008。

郭志超:《闽台民族史辨》,黄山书社(合肥),2006。

胡大新:《永定客家土楼研究》,中央文献出版社(北京),2006。

胡大新主编《土楼祖训》,中央文献出版社(北京),2014。

蒋国华、王树彬:《胡文虎及其家族研究》,厦门大学出版社(厦门),1993。

连横:《台湾通史》,生活·读书·新知三联书店(北京),2011。

林国平:《福建移民史》,方志出版社(北京),2005。

林秀昭:《台湾北客南迁研究》,文津出版社(北京),2009。

林再复:《台湾开发史》,三民书局(台北),1990。

罗香林:《客家源流考》,中国华侨出版社(北京),1989。

罗香林:《客家研究导论》,南天书局(台北),1992。

马先富:《客家祖地经济史论》,福建教育出版社(福州),2000。

丘昌泰:《台湾客家》,广西师范大学出版社(桂林),2011。

王东:《客家学导论》,上海人民出版社(上海),1996。

王东:《那方山水那方人》,华东师范大学出版社(上海),2007。

王建周主编《客家文化与产业发展研究》,广西师范大学出版社(桂林),2007。

谢重光:《闽台客家社会与文化》,福建人民出版社版(福州),2003。

谢重光:《福建客家》,广西师范大学出版社(桂林),2005。

谢重光:《客家、福佬源流与族群关系》,人民出版社(北京),2013。

徐晓望:《商海泛舟:闽台商缘》,社会科学文献出版社(北京),2015。

徐正光主编《台湾客家研究概论》,台湾地区行政管理机构客家委员会、台湾客家研究学会(台北),2007。

杨国枢:《台湾客家》,唐山出版社(台北),1993。

俞龙通:《文化创意:客家魅力》,师大书苑(台北),2008。

张维安等:《台湾客家族群史》,台湾省文献委员会(南投),2000。

张佑周、陈弦章、徐维群：《客家文化概论》，中国文联出版社（北京），2002。

张佑周：《客家祖地：闽西》，作家出版社（北京），2005。

张佑周主编《闽西客家外迁研究文集》，海峡文艺出版社（福州），2013。

周雪香：《明清闽粤边客家地区的社会经济变迁》，福建人民出版社（福州），2007。

朱维幹：《福建史稿》，福建教育出版社（福州），1985。

徐维群：《客家文化符号论》，厦门大学出版社（厦门），2016。